无人机系统研究与应用丛书

无人机影像目标检测与识别

沈延安　刘永峰　李从利　韦　哲　编著

西北工业大学出版社

西安

【内容简介】 本书主要阐述了无人机影像目标检测与识别的相关技术和实际系统,共分为7章,包含了绪论、无人机影像目标特性分析及预处理技术、无人机影像目标数据集构建、经典目标检测算法及评价指标、基于改进 YOLO_v3-spp 的无人机图像目标检测方法、基于无人机图像的旋转目标检测方法、无人机影像目标检测与识别系统。第1章主要介绍了编著背景和国内外无人机影像目标检测与识别的研究现状,给出了全书内容结构;第2章分析了无人机影像中的目标特性,并提出了复杂天气条件下的无人机航拍图像预处理技术,主要包括航拍图像的去云技术、去模糊技术和超分技术,经处理后的图像视觉效果较好,可以满足目标检测算法的需要;第3章描述了如何构建满足深度学习所需的典型目标数据集,主要包括军用车辆、装甲类目标、普通车辆等相关数据,采用视景仿真生成、实际拍摄等方式进行收采集;第4章介绍了经典的目标检测算法和评价指标;第5章给出了基于深度学习理论的目标检测与识别方法,并开展了大量的算法对比和测试分析;第6章给出了无人机图像的旋转目标检测方法,同样开展了大量的实验和结果分析;第7章介绍了无人机影像目标检测与识别系统。

本书可作为高等院校无人机工程专业的本科生教材,也可作为从事无人机作战运用、无人机航拍图像处理研究人员的相关参考资料。

图书在版编目(CIP)数据

无人机影像目标检测与识别 / 沈延安等编著. —西安 : 西北工业大学出版社,2023.2
ISBN 978 - 7 - 5612 - 8649 - 4

Ⅰ. ①无… Ⅱ. ①沈… Ⅲ. ①无人驾驶飞机-影像图-目标检测-图像识别 Ⅳ. ①V279

中国国家版本馆 CIP 数据核字(2023)第 025023 号

WURENJI YINGXIANG MUBIAO JIANCE YU SHIBIE

无人机影像目标检测与识别

沈延安 刘永峰 李从利 韦哲 编著

责任编辑:朱辰浩		策划编辑:杨 军	
责任校对:朱晓娟		装帧设计:李 飞	
出版发行:西北工业大学出版社			
通信地址:西安市友谊西路 127 号		邮编:710072	
电 话:(029)88493844,88491757			
网 址:www.nwpup.com			
印 刷 者:陕西金和印务有限公司			
开 本:720 mm×1 020 mm		1/16	
印 张:8.75			
字 数:162 千字			
版 次:2023 年 2 月第 1 版		2023 年 2 月第 1 次印刷	
书 号:ISBN 978 - 7 - 5612 - 8649 - 4			
定 价:59.00 元			

如有印装问题请与出版社联系调换

前言

　　无人机及其相关技术的迅猛发展使得其在军民领域得以广泛应用，无人机目标检测与识别作为无人机影像应用的重要环节,在战场信息感知、感兴趣目标跟踪以及引导定位等方面发挥着关键作用,展开对该方向的研究具有较强的理论意义和一定的军事应用价值。

　　无人机影像目标检测与识别算法可分为基于人工设计特征的传统目标检测识别和基于深度学习的目标检测与识别两类。传统目标检测与识别算法强依赖于人工设计特征的提取结果,往往只针对特定环境或数据集,面对高空飞行的随机多变环境时泛化能力不足,而且特征提取的有效性不足往往会导致检测失败,实时性也有待提升;深度神经网络技术在目标检测与识别上的优势强有力地推动了该方向的发展,从两阶段模型到一阶段模型,有力提升了算法的实时性和鲁棒性,但也存在着模型轻量化、精度不高以及难以理论解释的缺点。

　　本书研究对象为中高空拍摄无人机影像,不同于民用无人机,其目标检测与识别存在着明显特点:一是中高空成像感兴趣目标表现出小目标特性且易被遮挡和细节信息丢失;二是成像环境复杂多变,目标区受降质因素影响大,质量不高;三是目标本身可能存在一定的迷彩伪装,与背景区分度低;四是工作环境和后续动作需要算法模型简化和轻便,便于嵌入和携带。基于此,从实用性出发,本书的内容分为三部分:首先介绍相关基础知识和无人机影像的预处理工作;其次构建数据集并研究轻量化适用的无人机影像目标检测识别算法；最后将算法进行硬件处理，形成样机系统。

本书包含 7 章内容，分别围绕上述三部分内容展开，其中沈延安、刘永峰负责第 1、3、5、7 章的撰写，李从利、韦哲负责第 2、4、6 章的撰写，安徽大学唐俊参与了第 6 章的撰写，全书由沈延安、刘永峰统稿。陈超逸、徐超参与了相关资料收集和实验工作。

本书的编撰工作得到了陆军炮兵防空兵学院相关专家和领导的支持和帮助，在此表示感谢。

限于理论水平和实践经验，书中不足之处在所难免，恳请读者不吝指教。

编著者

2022 年 11 月于合肥

目录

第1章 绪　　论

　　无人机从诞生至今已经超过 100 年,由于其具有成本低、连续飞行时间长、任务载荷多样化、可执行危险任务等突出特点,所以在民用和军用领域备受青睐。尤其是军用无人机,已成为现代战争中不可忽视的空中力量,世界各国都将其置于优先发展的地位。2020 年 9 月爆发的纳卡冲突中,无人机的作用表现得淋漓尽致。当前,全世界有 50 多个国家和地区在从事军用无人机的研制工作,无人机的装备型号已经增加到 200 种以上,甚至在不少国家的军队中已是一个重要的新型作战力量。

　　无人侦察机是获取情报的重要装备之一,其使命是利用其携带的可见光/红外、SAR 雷达以及高光谱成像等任务载荷,侦察敌方目标特性并确定其坐标,以及检查射击毁伤效果和敌方伪装等。

　　无人侦察机的飞行高度范围通常为 1~5 km,最高可达 7 km 以上,加之侦察图像的特殊性和使用环境的复杂性,从而导致图像质量不佳,目标在图像中占比小、尺度变化大,给目标高精度检测与识别造成困扰,无法满足情报保障需求。

1.1　研究背景及意义

　　当前,世界各国装备的多为具有一定智能化特征、信息化程度较高的无人侦察机,侦察载荷在硬件上主要提高了光电转台稳定性、图像分辨率等,软件上主要通过几何初校正、图像去雾、图像增强等图像处理手段提高了图像质量,从而改善了系统性能。但在使用中仍然存在一些问题,原因主要体现在两个方面:一是成像方面,由于无人机飞行高度较高、速度较快等,所以导致图像易受云雾干扰、成像质量较差、图像背景复杂等问题;二是目标方面,由于检测与识别的目标呈现出典型的非合作性,具有尺寸小、尺度与形状变化大、量化特征少等特点,所以使得无人机图像的目标检测与识别面临巨大的挑战。

　　当前,无人机多采用图像相关跟踪的目标检测算法,需要人工介入锁定目标,在得到基准图像后,通过与实时图像进行对比检测的方法实现对目标的跟踪。为了提高目标跟踪的准确性,系统会实时更新基准图像。这种方法虽然跟踪速度快、精度较高,但是战场态势瞬息万变,当面对多种类、多数量、高速运动的弱小目标时,无法实现对目标的自动检测,也不能同时跟踪多目标,更谈不上判断目标类型了。可见,无人机图像信息智能化处理与应用问题没有得到解决,严重制约了无人机系统的使用效能。近年来,人工智能理论与技术,特别是深度学习理论与方法发展迅猛,在民用领域已得到广泛应用,并且随着无人机侦察图像信息采集量剧增、图像类型多样,加上军事上对侦察图像信息利用的精确度和广度要求,深度学习技术在无人机侦察图像信息的处理方面具有充分的应用前提和坚实的数据基础。无人机图像信息易受不良天候影响,大场景图像和战场态势生成困难,目标检测和判读效率低下,使得重要目标检测与定位精度难以满足精确打击要求。因此,切实需要加强人工智能技术在无人机图像信息处理中的应用研究,为实现军事目标智能检测与识别提供技术支撑。

本书针对无人侦察机影像信息融合处理与利用效率低下,敏感区域观察效果差、目标检测识别能力较弱等问题,研究图像处理理论、深度学习技术与目标检测识别算法在无人机情报信息融合处理中的应用,设计目标智能化判读与识别系统,构建无人机侦察影像数据库,实现对无人机多样化影像清晰化处理、目标智能化检测与识别。

1.2 国内外研究现状综述

目前的大多数侦察型无人机均具有一定的图像预处理能力和较好的目标搜索与跟踪能力,在硬件上安装有光电稳定转台、图像防抖动模块等,软件上通过几何初校正、图像去雾、图像增强等图像处理手段,在一定程度上提高了图像质量,但处理效果有限。而在目标跟踪方面仍采用传统的图像跟踪算法,需要人工手动锁定目标,在得到基准图像后,通过与实时图像进行对比实现对目标的跟踪,但无法实现对目标的自动检测与识别,也无法实现多目标跟踪。

据公开报道的资料显示,国外最新一代无人侦察机或察打一体无人机多采用基于深度学习的目标检测算法,具备更好的目标检测与识别能力。

1.2.1 无人机影像预处理研究现状

1.图像去云技术研究现状

为研究方便,一般情况下可将云雾分为薄云、厚云两类,学者们经常将雾归为薄云加以处理且取得了较好的效果,而厚云则会导致遮挡部分的信息不可逆损失,造成图像质量降低、地物信息不连续、目标区域不完整,给后续的语义分割、目标检测与识别带来不可预知的影响,是目前较为棘手的问题。

当前,针对航拍图像(包括无人机图像)厚云的去除方法可分为多光谱法、多时相法以及基于图像修复法三类。

(1)多光谱法多用于卫星图像。云的光学特性使得其对可见光和其他波段光谱产生不同程度的影响。因此,可利用不同光谱间的相关性对可见光含云区域进行估计,找出光谱间的函数关系。但选择的光谱不同,处理方法也各不相同,人们在不同成像平台,利用不同源图像实现了云去除,如红外图像与可见光图像去云、合成孔径雷达图像与可见光图像去云,以及对高光谱图像进行回归估计等。多光谱法对传感器和配准算法要求很高,且对于云层较厚的情况难以处理。

(2)多时相法是利用不同时间段对同一地区的成像结果,对云区进行信息补全。假设在时段集合内目标地物没有发生显著变化,且每个区域至少有一幅图像是不含云的,利用图像块匹配或直方图匹配等算法,从云区边界的纹理信息中找出这一区域的不含云图像块,进行填充和融合。由于卫星遥感图像一般都有多光谱数据,所以一些方法将多时相和多光谱结合起来,以求在更大的搜索空间中找到含云区域的更准确表示。多时相法适用于卫星图像的精确修复,但如无人机等短航时的飞行器难以做到航线固定,因此无法应用。

(3)基于图像修复法是将云区看作图像缺失部分,采用图像其余部分的空间信息恢复缺失部分。该方法无需多光谱数据,因此更适合于无人机等单一光谱成像平台。图像修复是重建图像缺失或损坏的部分,使其更加完整,并恢复其一致性,一般用于恢复图像被破坏部分,以及移除前景物体。图像修复需要利用图像的冗余信息,寻找待修复区域与其他区域潜在的复杂映射关系,对此人们基于各种假设提出了多种模型,如:Bertalmio 等人基于有界变差假设,提出偏微分方程的方法;Starck、Elad、Gao 等人基于重复性结构和纹理,提出稀疏表示的修复方法;Criminisi、Huang 等人基于图像自相似性,提出样本块特征匹配方法。这些方法在缺失部分不大、结构简单、具有重复纹理的图像上表现较好,但由于所采用的特征是人工设计的,没有对图像整体分布进行学习,所以修复的效果语义合理性不足。

随着深度学习、卷积神经网络(Convolutional Neural Network,CNN)和生成对抗网络(Generative Adversarial Networks,GAN)的提出和发展,人们逐渐将其引入图像修复领域。Yeh 在深度卷积生成对抗网络(Deep Convolutional

Generative Adversarial Networks,DCGAN)的基础上提出了一种二次寻优的语义修复方法,第一步在所研究数据集上训练一个 DCGAN 模型以学习图像语义,第二步针对图像寻找最优输入编码。由于第二步是一个非凸优化,当第一步未能充分学习时,最终寻优的结果会严重失真,所以该方法在分布比较集中、易学的数据集上表现较为出色。为避免这个问题,人们直接用含掩膜图像做输入。Pathak 提出基于 DCGAN 的 context-encoder 模型,用 auto-encoder 结构作为 G 网络生成修复图像,用 D 网络衡量 G 网络的输出与真实图像的差异,将欧氏距离损失和对抗损失加权作为联合损失函数。这种直接的对抗训练简化了修复过程,G 网络的作用相当于回归器,而 D 网络相当于正则化,减弱修复图像的模糊程度。但 Pathak 的模型过于简单,不足以更好地回归图像缺失部分和其他部分的函数关系,损失函数也只关注了图像整体,因此在掩膜区域产生了伪迹,需要采用新的模型进行改进。

Iizuka 在 Pathak 的基础上,增加了 G 网络的层数,D 网络增加了 1 个独立的局部分支(local D),最后与全局(global D)进行全连接层级联,用来鉴别修复区域的真伪,提升了图像局部修复效果。Yu 沿用了 Iizuka 的全局-局部结构,提出了两阶段粗-精修复模型。该方法在一阶段粗修复后,二阶段增加了并行的注意力机制支路,利用一阶段修复结果,估计掩膜内外的相关性,因此在一些单一分布自然图像数据集上效果比较理想。上述方法改进的是图像修复技术,研究对象是地面自然场景图像,视点、场景和需要去除的遮挡物之间距离较近,如果直接用于高视点、远场景和随机云层遮挡的无人机图像修复,则具有局限性。李从利基于 context-encoder 模型对遥感图像厚云去除做过类似工作,由于遥感图像画幅较大、地物信息变化范围较小,所以在地物分类的基础上采用了 encoder-decoder 结构对图像的整体进行压缩和回归,并以梯度正则项控制修复的平滑性。但由于图像本身的画幅较大,所以并未考虑图像间信息的互补性。

近期的一些图像修复方法尝试将图像修复分为结构和纹理,或者借助注意力机制,但都仅限于利用本幅图像信息。

由此可见,采取合适的厚云去除算法能有效地增强无人机等航拍图像的清晰度和利用率,具有十分重要的理论意义和应用价值。

2. 图像去模糊技术研究现状

图像去模糊同样是经典且尚未有效解决的问题,众多学者对图像去运动模糊开展研究,取得了一系列重要成果,可归因于高效推理算法的出现、自然图像先验知识的运用和普适性强的运动模糊模型的建立。

运动模糊图像可以描述为原始图像与运动模糊核或点扩散函数的卷积。图像去运动模糊的方法一般可以分为两种:非盲去模糊法和盲去模糊法。如果点扩散函数已知,去运动模糊则表现为图像退化的逆过程。退化图像是原始图像与点扩散函数卷积得到的结果,因此去运动模糊可以通过对退化图像进行逆卷积获得原始图像,此过程称为非盲去模糊。如果点扩散函数未知,则需要估计点扩散函数,然后再按照非盲去运动模糊的过程继续进行图像复原,此方法称为盲去运动模糊。近几年,随着深度学习理论的迅猛发展,许多学者开始将目光转向使用深度学习方法来解决图像运动模糊的问题,在缩短去运动模糊时间的同时,得到了良好的恢复效果,因此得到广泛关注。

非盲去模糊法分为频域方法和空间域方法。早期的方法包括逆滤波和维纳滤波。逆滤波对无噪声的模糊图像效果较好,后续改进的维纳滤波能够有效地抑制噪声的影响,但是对无先验信息的情况会出现振铃效应。在后续研究中学者们又相继提出了各种方法并取得了较为良好的效果。而空间域方法中最常用的去运动模糊算法是 Richardson-Lucy(RL)算法,该算法利用最大似然估计对模糊图像进行迭代求解,随着迭代次数的增加,最终结果收敛于最大似然解。然而,RL 算法对噪声较为敏感,在噪声存在的情况下很容易影响图像恢复的最终效果。后续有学者在 RL 算法的基础上进行了改进,提出的一些算法能够较好地恢复图像信息。

由于在多数情况下并不清楚图像运动模糊形成的原因,所以促使了盲去运动模糊的发展。盲去运动模糊主要可解决在模糊核未知的情况下的图像恢复问题,解题思路有两种:一种为先估计出模糊图像的运动模糊核,再根据模糊核反卷积恢复出高质量的清晰图像;另一种是同时迭代求得图像的模糊核和去模糊图像。基于以上两种方法,学者们提出了众多方法,包括利用总变分的方法、基于变分贝叶斯估计的方法、基于最大后验概率模型的方法、基于图像梯度的方法和基于稀疏的方法等。此外,随着研究的深入,基于多尺度迭代去除运动模糊的方法也得到了发展。

深度学习作为图像处理的一个有效手段,近年来广泛用于图像去模糊等研究中。有学者提出了利用卷积神经网络模型去除图像模糊,也有学者提出了利用深度神经网络提取图像清晰的边缘信息。近年来,随着 GAN 模型的提出,基于 GAN 模型的图像处理技术得到了广泛研究,有学者利用 GAN 模型提出了一些运动模糊的图像复原方法。如今深度学习理论不断发展,相继提出的众多新模型也在不断丰富和完善着图像去模糊的理论和效果。

3. 图像超分辨率重建技术研究现状

图像超分辨率（Super Resolution，SR）重建是将低分辨率（Low Resolution，LR）图像通过信息处理方法重构出高分辨率（High Resolution，HR）图像。由于 SR 技术能在一定程度上弥补由成像设备或环境对图像造成的损坏降质，所以其在医学、监控、卫星侦察等领域得以大量应用。图像的超分辨率重建是典型的病态逆问题，一般来说，从低分辨率图像重构得到的高分辨率图像结果并不唯一。

众多学者在图像超分重建上进行了大量研究，形成了基于插值、基于重构及基于学习的方法。最早 Harris 提出基于差值图像超分重建，因其具有有效性好、成本低的优点，被广泛应用于视频监控、医疗成像、卫星成像及影像融合等领域。在此之后，多种经典插值算法（如最近邻插值、双线性插值、双立方插值等算法）相继被提出。插值方法虽然能够在一定程度上提高图像的分辨率，实时性较高，简单易行，计算效率较高，但会损失图像的高频细节，造成图像锯齿或模糊。针对这些缺陷，有学者对插值算法进行了改进，如图像局部方差插值法、回归模型插值法、自适应卷积插值法，这些插值方法较之前的算法变得更为复杂，图像重建效果也更好。但是插值算法的缺点是插值过程中只是简单利用了图像自有的信息量，并没有其他信息量的增加，因此，图像分辨率没有发生根本性的变化。

20 世纪 80 年代 Tsai 提出了采用多幅低分辨率图像来重建高分辨率图像的方法。该方法利用图像的频域信息进行重建，取得了较好的效果。Kim 将最小二乘法应用到超分辨率重建中，增强了图像的对比度，降低了图像噪声，进一步提高了重建精度。随后有学者针对频域方法普适性的缺陷提出了空域的重建方法，如凸集投影法、迭代反向投影法、最大后验概率法等方法。由于空域方法重建效果过于平滑，图像存在部分模糊，所以随着机器学习在图像处理领域的大量应用，有学者提出了稀疏编码、邻域嵌入的方法。Freeman 提出了一种新的、颠覆性的、基于样本学习的图像超分辨率重建方法。基于重构的方法通过获取图像的先验知识将低分辨率场景复原为高分辨率，然而由于有效先验知识的获取较为困难，所以该类方法的重建效果仍然较差。

近年来，深度学习和神经网络在图像处理领域得到了大量成果的应用。有学者针对超分重建利用深度学习提出了一系列基于深度学习和神经网络的图像超分辨率重建算法。Dong 等人提出了基于卷积神经网络的方法（SRCNN），Kim 等人结合了 SRCNN 和 VGG 模型提出了极深网络的方法（VDSR），Wang

等人利用 SRCNN 网络结构提出了基于稀疏编码网络的方法(SCN),Liang 等人提出了整合先验的卷积神经网络的方法(SRCNN-Pr),还有学者提出了基于深度边缘指导反馈残差网络的方法(DEGREE)。这些方法极大地丰富了图像超分重建的手段,提高了图像超分重建的效果。

1.2.2 图像目标检测技术的研究现状

现有的目标检测算法主要可以分为两大类:一类是早期的基于传统手工特征的目标检测方法,也称为传统方法;另一类是 2012 年以后衍生的基于卷积神经网络的人工智能算法。

传统检测算法的思想是首先根据输入图像,在图像中选择不同大小、不同位置的区域(目标候选框)用来包围图像中所含有的待检测目标,然后将选定的候选区域图像预处理后利用设计好的特征提取子对图像进行特征(边缘、角、区域)提取。传统方法中常用的特征提取方法包括 SURF、HOG、DPM 等。最后将提取到的特征利用分类器(SVM、Adaboost 等)对类别进行判定。

由于传统的目标检测不能满足快速性、鲁棒性等要求,所以随着机器学习的快速发展,近几年基于卷积神经网络的目标检测算法取得了很大的突破:一是相对于传统检测算法,这类算法能够实现较高的检测准确率;二是通过卷积运算使得检测效率大幅提升。比较流行的算法可以分为两类:一类是两阶段(two-stage)目标检测算法,此类算法在检测时首先进行区域生成(Region Proposal,RP),即首先确定一系列可能包含待检物体的候选建议框,再通过卷积神经网络分别对候选框进行分类和定位的回归操作,常见的两阶段目标检测算法有 R-CNN、SPP-Net、Fast R-CNN、Faster R-CNN 等;另外一类就是单阶段(one-stage)目标检测算法,这类算法不再使用区域生成,而是直接在网络中同时实现对目标的分类和定位任务,达到端对端的检测,常见的单阶段目标检测算法有 OverFeat、YOLO_v1、YOLO_v2、YOLO_v3、SSD 等。

1.2.3 无人机影像目标检测识别研究现状

随着无人机技术的发展,航拍过程中的目标检测慢慢成为国内外的热点。侦察无人机飞行高度较高,成像设备视场大,使得图像背景复杂、目标占比小,且存在目标尺度变化大、旋转等问题,因此研究无人机图像的目标检测问题具有重要的现实意义。以下从 5 个方面分析当前的研究热点与解决方法。

1. 背景复杂问题

无人机航拍过程中,会遇到各种各样不可预测的情况。由于一些目标密集的区域(如机场、港口)经常会出现类似物体,目标含有的特征信息很少,所以极易造成检测过程中对目标的漏检和误检事件发生,加之当目标所处的周围环境如果错综复杂时,丰富的背景信息也很容易使得图像产生较多的噪声信息,对目标信息造成弱化,从而很难对其进行稳定、可靠的检测。

近年来,国内外研究者围绕如何降低背景中噪声信息对检测效果的影响提出了相应的改进算法。Audebert 等人针对复杂环境下存在的大量噪声问题,利用全卷积网络对检测目标进行严格的划分,然后再经由连通分量的提取完成对目标的检测,结果表明,将目标检测和语义分割相融合,能够有效地改善检测效率。Li 等人建立了基于语义分割制导的 RPN 模型(sRPN),用于减弱航拍成像中的背景噪声信息。此框架对各种特征进行整合,对新的特征空洞空间进行金字塔池化与卷积处理,从而生成掩膜和语义特征,两者能有助于指导生成更合理的候选区域 RPN 以及改善回归精度。但由于 sRPN 对多尺度特征的提取仍比较分散,没有充分利用上下文信息,对小目标检测过程中时而会丢失重要信息,影响检测精度。

上下文特征是目标检测中的关键要素。一般情况下,视觉目标会处于特定的环境中,且与周边环境具有一定的相关性,如车辆一般在路面上、船只则通常在水面上。因此可以借助目标和背景的关联性来改善复杂环境下的目标检测性能。目前的航拍目标识别技术主要集中于对潜在目标进行识别,而忽略了对背景信息作为先验知识的特征提取,因此 Wang 等人设计了一个基于场景上下文的融合网络 SCAF-Net,将目标所处环境上下文信息融合进端到端的检测框架里,提高了检测精度与检测速度。针对目标周边环境复杂多变的特点,提取更加丰富的上下文信息,Gidaris 等人对此提出了一个 MRCNN 检测系统,它主要抽取候选框边缘、中心和语义等不同区域的特征,极大地提高了检测目标的定位精度。Li 等人为解决如何识别有价值的全局上下文信息来辅助检测特定物体,给出了一种基于上下文卷积神经网络(AC-CNN)的目标检测框架。AC-CNN 成功地将全局和局部上下文信息融合到检测框架中,它由一个基于注意力的全局语境化(AGC)子网络和一个多尺度局部语境化(MLC)子网络组成,将全局上下文和局部上下文融合在一起,在 PASCAL VOC 2007 和 VOC 2012 中取得了很好的结果。

Zhang 等人对空洞卷积进行了适用于无人机目标检测的改进,调整后的多尺度空洞卷积特征提取网络增加了感受野,改善了网络在复杂环境下的检测效果,其方法流程如图 1-1 所示。

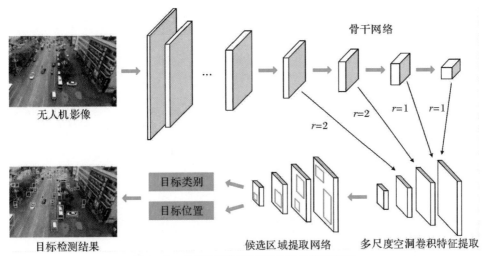

图 1-1　多尺度空洞卷积的目标检测流程图

在处理无人机航拍图像中的环境复杂问题中,检测网络可以通过上下文特征在识别目标与环境背景信息上提升性能,这种设计有助于提取物体局部特征,然而往往仅有少量的图像上下文特征是对检测有价值的,因此需要对其进行过滤。空洞卷积不仅能保留图像的局部特征,还能扩大感知野的范围,多尺度空洞卷积在此基础上调整提取特征的数量和大小,更好地满足了无人机航拍过程中的目标分散和干扰情况。

2. 大视场问题

由于无人机往往具有广阔的探测范围,且不会受到地形等条件的制约,所以拍摄到的影像视场通常比较大。大视场下无人机航拍图像中的目标往往会分布得零散稀疏,如战场上的车辆。由于目标的分散特点,造成图像的识别效果较差,即使算法中的滑动窗口能够对图像进行处理,可是计算量巨大,导致模型速度非常慢,所以不少算法采用了限制搜索区域的方法来加快速度。

近年来计算机视觉领域的一个热点问题就是广域运动图像中的目标检测(Wide Area Motion Imagery,WAMI),LaLonde 等人设计了一种新型的两阶段卷积神经网络,达到了当前广域运动图像检测技术的较高水准。首先接收一系列大视场图像,并将其与卷积中的动作和图像特征相联系,从而产生一个感兴趣物体区;然后利用热图法对已知 ROOBI 内的全部物体进行重心定位。通过WPAFB 2009 数据集对移动对象进行了分析,得到了 16% 以上的效果提升,同时对静止目标的检测结果有超过 50% 的效果提升。

Yang 等人在端到端架构中整合目标的聚类和检测,将两者输入进端到端框架中的集群检测网络(ClusDet)。该网络主要由用于聚类候选框提取的建议子网(CPNet)、尺度估计的子网(ScaleNet)以及检测聚类区域的网络(Detec-Net)组成。当输入图片时,集群建议子网生成对象簇区域,尺度估计子网对区域内的目标对象开始估计尺度,最后通过 DetecNet 对目标采用非极大值抑制的策略整合聚类候选框的检测结果和原图的检测结果而输出。

为了解决特征候选区域形成算法的问题,一种基于强化学习的大视场图像目标检测方法渐入学者们的研究范围,如图 1-2 所示。2021 年,卢笑等人在两阶段检测器的框架中,将强化学习应用其中,在定位网络中提出了一种适合于显著性目标检测的加权重叠度(Weight Interest over Union,WIoU)。实验表明,调整后的算法抗干扰性更强,改善了显著性目标检测结果,加快了检测速率。

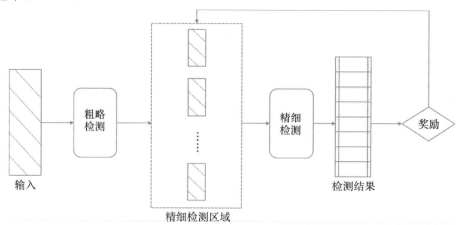

图 1-2　强化学习在目标检测中的应用

针对无人机图像中存在的大视场问题,必须从降低目标搜索的代价入手,对局部特征进行优化,如提高感兴趣区域的输出数量或者提高区域感受野。在子图像识别中,物体的尺寸估算偏差会极大地降低识别的准确率。这种算法实际上仍然是两阶段算法,要对整个图像进行扫描,因此其工作效率不高。但是将卷积神经网络和强化学习相结合,可以完成大视场图像的自适应搜索,在不降低图像检测准确度的前提下加快检测速度。

当无人机对目标高空航拍侦察时,由于目标所处尺度范围大,检测目标往往会与周围环境、动植物、建筑物等出现在同一帧图像里,目标在整个图像中只占了相当少的像素点,占的比例很小,同时和其他一般目标检测图像相比,小目标往往分辨率也比较差,在背景复杂并且周围夹杂着不少相似目标的环境中,小目标的特征信息比较难提取,所以对其的检测难以有效达到预期效果。

3.小目标问题

在多层卷积操作下,图像具有足够充分的深层语义信息,但在降采样时,这种操作会削弱提取小目标的特征,造成漏检问题,而底层拥有大量的细节特征,这对于精确定位更加准确高效。

2016 年,Lin 等人针对小目标检测精度欠佳的问题提出了特征金字塔 FPN 检测算法,如图 1-3 所示。该方法结合了顶层特征的高语义信息和底层特征的高分辨率信息,将两者有机地融合在一起,更加丰富了不同尺度下的特征表现能力,从而大大改善了检测器的性能。随后,Azimi 等人基于 FPN 技术提出图像级联网络(Image Cascade Network,ICN),该方法将图像金字塔和特征金字塔相结合,从而形成多尺度检测层,它能够提取更全面的细节特征,进一步改善了航拍过程中小目标的检测性能。

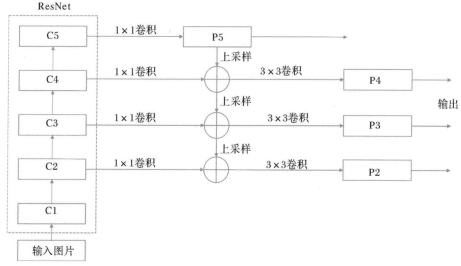

图 1-3 FPN 网络结构

在 FPN 检测器中,特征金字塔结构在进行多层特征融合之前,经常通过 1×1 卷积调整通道的个数,虽然通道的数目一样,可不同特征层的语义也不尽相同,如果直接使用权重迭代,则存在信息丢失的情况,会影响多比例尺的表现效果。为了解决这个问题,2019 年 Guo 等人建立了 AugFPN 新算法模型,提出了一致性监督机制和残差特征网络,进一步对多尺度特征进行挖掘提取,更好地实现了对小目标的检测。

Yang 等人在 FPN 算法中引入了 DenseNet 中的密集连接思想,它建立的是前面所有层与后面层的密集连接,使特征金字塔中的横向连接被替换为这种密集连接,能够从多层特征卷积中获得更高的分辨率,从而更有利于目标的识别;Liang 等人提出新型的感知对抗网络(Perceptual GAN),网络架构主要分为两个部分:一是生成器(Generator),它可以通过引入细粒度的特征,将小物体的特征转化成超分辨对象;二是鉴别器(Discriminator),为所产生的精细的特征在质量上提供引导,结合起来从而提高了对小目标的辨别能力。

许多目标检测算法都始于锚框设计,锚框设计的好坏在一定程度上决定了检测算法的性能上限,而设计锚框用到了众多的超参数,这带来了调参困难、使用起来不够简便等问题。这使得基于无锚框设计的检测网络逐渐成为研究重点,并在小目标检测上取得了良好的效果。Law 等人提出了单阶段无锚框检测网络 CornerNet。CornerNet 是 Anchor-Free Object Detection 的开创性文章,其思路简洁、有效,开辟了物体检测的一个新的方向。CornerNet 的思想取自于人体姿态估计的自底向上思想,即先通过图片得到对应物体的左上角和右下角两个关键点,再根据关键点的相似度拼接出检测到的不同的物体。但 CornerNet 仍有许多不足,仅以左上角和右下角进行匹配,而忽略了物体的中心特征,容易产生假阳样本。另外,做互相遮盖的物体检测中很多物体并没有明显的角的特征,可能会造成 CornerNet 在检测覆盖物体的时候表现不理想。后续出现的 Deformable 和 RepPoints 系列算法对 CornerNet 进行了一系列改进,逐渐使得 Anchor-Free 方法在精度、效率上都大大提高。

针对无人机影像中小目标难检测识别的问题,学者们主要围绕以下几个方向在做努力:一是关注网络架构的变化,致力于提取小目标的多尺度特征信息,但底层特征所构建的多尺度表示就像是一个黑盒子,无法确保所提取到的特征是具有可解释性的;二是增大输入图像尺寸来得到小目标的高分辨率特征图,但缺点是计算时间比较长;三是无锚框设计是目标检测算法的一个新思路,极大地简化了网络的输出,优化了模型的参数,改善了小目标的检测效果。

4.目标旋转问题

在无人机影像中,由于飞行的不确定性和目标的非合作性,目标往往呈现不同角度,增大了检测识别的难度,早期的水平框检测已无法满足要求。因此,任意旋转角度的目标检测问题成为当前的研究热点,相继有很多改进的方法被提出。

Jiang 等人提出了一种旋转区域 CNN(Rotational Region CNN,R2CNN)算法,模型结构如图 1-4 所示。该方法是第一个能够对任何方位的文本进行检测的方法,作者以两阶段目标检测框架作为其基础架构进行旋转检测方面的优化,更好地提取水平和竖直方向特征,从而提升检测效果。Ma 等人提出了一种基于旋转的图像检测网络(Rotation Region Proposal Networks,RRPN),引入了角度参数,能够有效地检测图片中任意旋转方向的文本。相对于常规 RPN,RRPN 能够保证各个方向的检测效率以达到期望的结果,并且在实际的真实情景中,它的准确性和稳定性都要更好,但测试的速度仍需进一步改进。

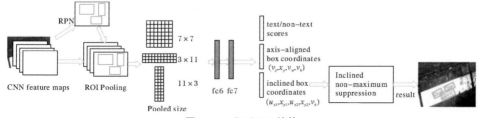

图 1-4 R2CNN 结构

为解决当下旋转检测网络速度有待提高的问题,Xie 等人在 2021 年设计了一种面向旋转目标检测的 R-CNN(oriented R-CNN)算法。算法的第一阶段设计了一个面向 RPN 和 ROI 的网络,用于降低生成高质量 oriented proposals 的代价;第二阶段是定向的二阶段 oriented R-CNN 算法的 head,用来提炼定向 ROI 和检测目标。该算法具有快速、简便的优点,在 DOTA 和 HRSC 2016 两个常用数据集上取得了优秀的检测精度和检测速度。

为解决目标相互交织、相互转动、分布较广造成的检测难题,Guo 等人提出了一种凸壳特征自适应(Convex-hull Feature Adaptation,CFA)方法,并通过一系列的动态预测特征抽取来确定目标的探测范围。CFA 方法在 DOTA 和 SKU110K-R 两种类型上具有良好的的检测效果。

5. 轻量化问题

当前对目标检测的重点主要集中在对检测精度的提升上,因为模型网络越来越深,参数越来越多,需要大量的算力来进行算法的训练,占用计算内存大、识别速度缓慢等问题很难解决。由于无人机设备空间体积有限,许多目标检测算法虽然精度较高,但受限于占用运算资源大的缺点,无法在无人机这种实时性要求高的移动设备上得以部署。针对大型网络难以在嵌入式设备部署的现象,卷积网络的轻量化设计逐渐成为学者们的研究热点。

目前卷积神经网络的轻量化研究有两个方面,一是采用轻量化卷积操作的网络架构,二是采用模型压缩算法来减少网络的运算和参数。对基于深度学习的卷积神经网络进行轻量化设计的关键是设计一种效率更好的卷积操作,以减少内存占用、计算量和网络参数为基础,达到较好的轻量化算法性能的检测表现,使之更适合部署于无人机等便携式嵌入设备中。

旷视科技针对算力有限的可移动设备设计了轻量化的卷积网络架构 Shuf-fleNet v1,大幅度减少了检测消耗的计算资源,同时又不影响检测网络的准确度。该算法受分组卷积的启发,通过逐点群卷积(pointwise group convolution)运算大大缩减了运算资源,而针对分组卷积造成的特征信息融合难的问题,又设计了通道混洗(channel shuffle)的策略来打乱通道,这两步技术操作,相比于其他网络最大程度地减少了计算量但又获得了相似的检测效果。

深度卷积神经网络由多个可分离的卷积结构组合而成,对其进行轻量化设计时要花费很多的精力才能达到预期效果。深度神经网络压缩(deep compression)去除了一些重要性不高的网络连接,量化权重系数以使得更多的连接共同使用,通过霍夫曼编码来利用有效权重的有偏分布进而缩小网络,提高了模型操作速度。

在实际应用中,针对无人驾驶设备体积越来越小的趋势,需要在有限的空间中同时兼容其他系统的使用,英伟达公司开发出 Jetson 系列的 Nano、NX、TX1、TX2 等多个嵌入式设备,国内有寒武纪、比特大陆等人工智能芯片,大步促进了相关新技术的快速落地。

此外,由于基于深度学习的无人机影像目标检测研究起步较晚,专门的公开航拍数据集较少,所以在一定程度上增加了目标检测与识别的难度。

1.3　研究内容及特色

1.3.1　研究内容

本书结合无人机影像目标检测与识别的现实需求,针对中高空无人机图像中军事目标的检测与识别问题展开研究,主要包括以下几项内容。

(1)无人机影像目标特性分析及预处理技术研究。中高空无人机具有自己的独特运动方式,成像高度和干扰因素与超低空小型无人机存在较大差异,因此在研究目标检测与识别问题之前,需要分析无人机影像中目标的基本特性,并有针对性地对图像进行预处理,以提高后续的检测与识别精度。

(2)无人机影像目标数据集构建。由于针对本书研究的问题缺乏公开的数据集,所以可通过筛选公开航拍数据、收集真实数据、航拍模型图像、软件生成仿真图像、数据增强等方法,构建满足要求的无人机影像目标数据集,为目标检测与识别工作提供支持。

(3)经典目标检测算法及评价指标分析。对传统目标检测方法和基于深度学习的目标检测方法进行分析,总结和梳理经典目标检测算法的特点,同时对目标检测领域的评价指标进行了介绍。

(4)弱小目标的检测与识别问题研究。针对无人机影像具有成像质量差、目标占比小、对比度不明显、关键特征少等特点,提出了基于改进的 YOLO_v3-spp 目标检测算法,提高了目标检测精度,降低了目标检测的误检率和漏检率。

(5)旋转目标的检测与识别问题研究。针对目标在影像中不断旋转变化的问题,提出了基于无人机图像的旋转目标检测方法,提高了旋转目标的检测精度。

(6)目标检测与识别系统实现。在理论分析与实验仿真的基础上,开展系统设计与研制,验证模型算法的可行性和有效性,同时通过试验与试用,不断对系统进行完善,提高系统性能,以满足各项设计指标要求。

1.3.2 研究特色

面向陆基成像环境下的目标检测与识别研究成果丰硕且较为成熟,近年来人们将之迁移至无人机目标检测、识别与跟踪领域,出现了较多成果也发表了数量较多的期刊、博硕论文,但主要面向民用旋翼无人机和低空无人侦察机采集的影像,与本书的研究对象不同,且经查阅文献没有发现类似专著出版。

本书研究的是中高空无人侦察机拍摄影像的目标检测与识别,存在着应用的特殊性和问题解决的理论困难性,因此笔者尝试借助于深度学习等先进技术进行研究和总结。

本书的特色如下:

(1)紧贴无人机侦察目标检测与识别的实际问题,选题明确,军事应用价值显著。

(2)将相关先进机器学习理论引入本书研究对象的检测与识别,具有一定的理论先进性。

(3)本书编撰包含目标特性分析及图像预处理、数据集构建、目标检测与识别、软件系统设计与试验等内容,体现了较强的系统性和完整性。

第 2 章 无人机影像目标特性分析及预处理技术

无人机影像作为一种可视化的对地遥感信息载体,直观反映了感兴趣区域发生的场景,在军民等领域发挥着越来越重要的作用。借助于先进成像技术手段,可实现多空间、全天候、不间断的影像信息获取,为后续信息加工和决策判断提供了坚实支撑。受成像平台、方式和条件影响,在成像过程中会受到各种因素的影响,如云雾干扰、平台振动、相对运动、成像器件分辨率、光谱受限等,不可避免地造成影像降质,影响后续使用。

战场态势瞬息万变,当无人机在对地面特定目标(如装甲车、小型碉堡、工事等)进行搜索时,目标在视场中所占的像素较少,往往只有数十个像素,这使得目标包含的特征信息很少,为典型的弱小目标,很难实现对其检测与稳定跟踪。因此,在对图像中感兴趣目标进行检测与识别之前,图像预处理是十分必要的。

本章首先分析无人机影像的特性,然后围绕目标检测识别所需,重点介绍云雾去除、模糊清晰化、超分重建等方面的预处理工作。

2.1 无人机影像目标特性分析

由于成像环境的复杂性和目标的多样性,无人机影像具有一定的特殊性。无人机影像及要检测的目标具有以下特点。

(1)图像易受云团干扰。由于无人侦察机的飞行高度较高(通常在 3 km 左右),为了保证成像质量,光电侦察系统采用高分辨率摄像机,并具有变焦、稳像等功能。但是,这一高度容易出现较厚的云团,当云团处于无人机光电侦察平台和地面之间时,会对地物造成遮挡,甚至可能造成对目标的部分遮挡,影响目标检测的精度,如图 2-1 所示。目前针对薄云雾问题,无人机光电侦察平台具备一定的图像增强能力,但针对厚云去除,仍在不断研究之中。

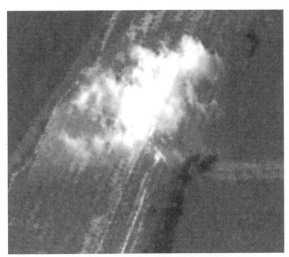

图 2-1　无人机含云图像

（2）图像清晰化水平低。由于无人机飞行高度高、运动速度快,使得侦察影像分辨率低、产生抖动或运动模糊,弱化了目标轮廓和细节,如图 2-2 所示。当图像降质到一定程度时,会造成对目标的误检和漏检现象。由于无人机任务载荷体积、质量的限制,人们常借助软件算法提升图像的清晰程度。

图 2-2　模糊图像

（3）侦察场景随机多变。当无人机侦察成像时,感兴趣目标常会因类别相似、建筑物遮挡、光照条件和雨雪风沙等一系列自然因素影响造成场景随机多变,如图 2-3 所示。另外,侦察目标通常会根据环境做好伪装工作,即图像视野中环境的图像特征和侦察目标的图像特征极为相近,容易导致目标跟踪过程中出现中断,给目标检测与识别工作带来了极大的挑战。

图 2-3 复杂背景图像

(4)侦察目标尺寸及特征少。当无人机在高空拍摄时,角度高、视野广,而任务目标在成像里往往可能只有数十个像素,表现出明显的小目标特征,同时目标信息往往仅包含顶部特征和部分侧面特征,如图 2-4 所示。基于深度学习的目标检测算法,往往通过卷积神经网络来提取图像特征,但是小目标在卷积的过程中难免会损失一些信息,导致检测效果不好。对此,怎样用浅层特征来检测小目标,成为了急需解决的重要问题。

图 2-4 侦察影像中的小目标

(5)目标尺度、形状变化大。无人机飞行高度、成像角度会根据情况实时变化,加之成像设备采用变焦技术,使得目标在图像中的尺度变化大,且会发生一定程度的形变,如图 2-5 所示。除此之外,目标还可能会因为自身运动的复杂性导致外观特征发生巨大的变化,如装备展开、旋转问题等,这使得目标检测过程中易出现误检和漏检现象。

图 2-5 目标尺度、形状发生改变

此外,无人机侦察影像目标智能化检测识别离不开科学、准确的数据集样本,样本的整体质量优劣决定了无人机侦察影像的后续处理结果,当然也会存在低质量样本,结果会进行梯度传播和错误判断。虽然无人机技术得到了飞速发展,无人机航拍影像的质量也逐渐提升、种类更加完全,但是由于军事侦察图像样本的特殊性,基本没有公开的含有大量军事目标的侦察图像数据集,且由于飞行次数有限,造成军事目标样本数据量少,无法确保模型的充分训练。

2.2 无人机图像云雾去除技术

航拍图像中云的纹理复杂多变,属于随机纹理,随着云种类的不同其纹理也不同,如层云的纹理一般较为光滑,积云表面通常呈现褶皱和斑点,而卷云则多为纤维状。

当薄云覆盖航拍图像时,地物信息和薄云同时存在,透过薄云还可以看到云下的地物,视觉上表现为图像的对比度低、地物信息模糊和细节不丰富,薄云在频域中主要集中在低频部分;厚云在视觉上完全遮挡了云区下的地物,灰度值表现为一较高恒量,此时图像中只有厚云的信息而没有地物信息,纹理表现比较单一。项目从薄云和厚云两个方面对云雾干扰图像进行处理,以提高图像质量。

2.2.1 基于改进暗通道先验方法的图像薄云雾去除技术

图像薄云雾去除算法流程如图 2-6 所示,主要环节有四叉树算法估计大气光,降采样、插值算法求取粗略透射率,快速引导滤波细化透射率和容差机制,下面简要进行介绍。

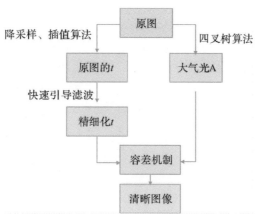

图 2-6 图像薄云雾去除算法流程图

1.四叉树算法估计大气光

He 估计大气光强的方法在图像不含天空等明亮区域时结果较为准确,但航拍设备在拍摄过程中不可避免地会遇到天空区域、大面积水体或偏白色建筑物等明亮区域,导致估计结果不准确。Kim 等人发现:天空区域中的像素亮度变化(方差)总体较小。基于此认识,笔者提出了可靠性更强、效率更高的四叉树层次搜索算法来估计大气光,效果如图 2-7 所示,具体做法如下:

(1)将图像等分为 4 个矩形区域,分别计算这些区域内像素的平均值并减去标准差,作为评分指标。

(2)选择上述评分最高的区域,重复步骤(1),直到被选中的区域尺寸小于设定阈值。

(3)在选取的最小区域中,选择使距离 $\|(I_r(p), I_g(p), I_b(p)) - (255, 255, 255)\|$ 最小的颜色矢量(包括 R,G,B 三个通道)作为大气光强。

图 2-7 四叉树算法示意图

2. 改进透射率求取

(1)基于降采样、插值算法求取透射率。暗通道算法求得的透射率精度比其他算法更为精细,但处理时间过长,不能满足航拍图像去雾的实时性要求。为进一步提升算法的运行速率,在一定程度内稍微降低精度,对去云雾效果在理论上不会带来太大差别。改为先对原始图像的降采样图像进行透射率估计,然后通过插值得到原图的透射率。实验证明,该方法大大提升了算法的实时性,而去云雾效果和原方法在视觉上差别不大。需要注意的是采样率的合理设置,比如采用 1/2 倍缩小原图,在处理速度上效果不明显,若采样率过大,则会严重降低去云雾效果。经过实验验证,采用 1/9 缩放既可以得到满意的去云雾效果,也能满足实时性要求。

(2)引入容差修正透射率。当明亮区域越接近大气光时,透射率则会越小,导致在天空等明亮区域的透射率估计值过小。采用容差机制修正透射率,可得恢复清晰图像为

$$J(x) = \frac{I(x) - A}{\min(\max(K/\mid I(x) - A \mid, 1)\max(t(x), t_0), 1)} + A \quad (2-1)$$

式中:$I(x)$ 是已有降质图像;$J(x)$ 是场景辐射率(也就是待恢复的清晰图像);$t(x)$ 是透射率;A 是全局大气光强度;K 为容差,当 $\mid I(x) - A \mid < K$ 时,认为这个区域可能是天空,增加这个区域的透射率,若 $\mid I(x) - A \mid > K$,则认为是符合暗通道先验的区域,透射率不变,$K = 0$ 时,则相当于原始的透射率公式。

(3)快速引导滤波细化透射率。引导滤波和双边滤波同样具有保边特性,且在细节上效果更好。本节应用快速引导滤波加速透射率的细化过程,当下采样率为 s 时,算法的时间复杂度可以从 $O(n)$ 降低到 $O(n/s^2)$,这里应用这一研究成果。

3. 实验情况

本章实验均是在 64 位 Windows 10 操作系统、2.6 GHz Intel Core i5 3230M CPU、内存为 8 GB 的笔记本下的 Matlab R2016a 环境下进行的。参数设置如下:ω 为 0.98,以增加去云雾效果;求暗通道时窗口尺寸为 15 像素;快速引导滤波半径为 60 像素;调整系数为 0.01;采样率为滤波半径的 1/4。

以高空拍摄可见光薄云雾无人机图像为实验对象,预处理算法处理结果如图 2-8 所示,可以看出图像质量得到明显提升,为后续的目标检测识别提供了更好的条件。

图 2-8 薄云雾图像去除前、后对比

另外,在实际应用中还需要考虑云雾去除效率问题,即算法的运行速度。同样实验图像对比五种经典算法,结果见表 2-1。可以看出 Tarel 方法和 He 方法去云雾耗时最多,随着图像尺寸的增大,耗时大大增加;本算法耗时最少,相比 He 方法提高了 34 倍左右,明显提升了去云雾效率,可满足实时处理要求。

表 2-1 不同算法云雾去除运行时间对比

图像尺寸/像素	MSRCR/s	Tarel/s	He/s	Meng/s	Zhu/s	本算法/s
500×500	1.00	8.93	9.20	4.02	1.92	0.28
684×512	0.97	18.33	13.22	4.22	1.98	0.38
800×600	1.24	38.87	19.07	5.84	2.59	0.58
1 200×900	3.20	192.19	42.21	12.44	5.33	1.13

2.2.2 基于光流修复的无人机影像厚云去除方法

无人机影像中的厚云遮挡给其应用和处理造成困难,仅利用单幅图像的空间信息难以有效地恢复。对此,笔者所在课题组提出了一种基于光流修复的航拍视频两阶段厚云去除方法,给定含云视频和首帧云区标注,可自动算出所有帧的云区分割结果和无云输出。利用可靠的半监督视频目标分割模型和光流估计模型,在少量样本上进行微调,实现云区的分割和地面光流的估计。设计了像素融合方案,利用光流对云区可推测部分进行填充,得到第一阶段结果,利用单幅图像修复技术进行空间修复与扩散,得到第二阶段无云视频。在真实含云航拍视频上的实验结果表明,本书方法具有前、后帧的合理性,与基于单帧的去云方法相比表现得更加平稳、流畅,主观感受更好。

1. 多幅图像去厚云原理

视频由若干帧图像构成,图像间信息有很大的相关性,由于地面和云层与成像设备的距离差,地面和云层在图像中可能存在着运动位移差,所以在某帧被云遮挡的景物可能会在之前和后续某帧出现(见图 2-9),可借助于图像变换进行部分云区的去除。

图 2-9 影像中的两帧图像

以两帧图像情况为例,假设图像为 I_i、I_j,相应的云区掩膜为 M_i、M_j(云区像素为 1,其余为 0),设存在几何变换 $T(\cdot)$,使 I_i 和 I_j 可见像素重合,即

$$O \odot T(I_j) = O \odot I_i \qquad (2-2)$$

式中:O 代表图像中可见像素因变换而产生的遮罩(可见像素为 1,其余为 0);$\odot$ 代表逐通道乘。若存在位移差,用公式表示为

$$A = [1 - T(M_j)] \odot M_i \neq 0 \qquad (2-3)$$

则 I_i 的云区存在可填充区。可填充到 A 区域的信息为 $d_{j \to i} = T(I_j) \odot A$,并称 $d_{j \to i}$ 内的所有像素与 I_j 有关联。

推广到多幅图像,若与 I_i 的云区像素 p 关联的帧有 $I_{j_1}, I_{j_2}, \cdots, I_{j_m}$,则用于填充的像素值为各帧变换后的加权和,即

$$I_i(p) = \sum_{k=1}^{m} \omega_k T(I_{j_k})(p) \qquad (2-4)$$

式中:ω_k 为根据某种准则确定的权值。尝试通过稀疏特征点构造全局投影或仿射变换去估计 $T(\cdot)$,但在实践中往往出现"错位"和"黑边"现象,前者是因为全局变换无法拟合局部形变,后者是因为处理 $T(M_j)$ 和 $T(I_j)$ 的插值方法相异,且可用特征点的数量往往难以保证。因此采用相邻帧的光流场描述该变换,并且完成去云需要得到云区掩膜,即视频云区分割问题,分别采用性能较好的两个框架进行处理,再将它们的结果进行云区填充、融合和扩散,形成最终结

果。完整的处理流程如图 2-10 所示。

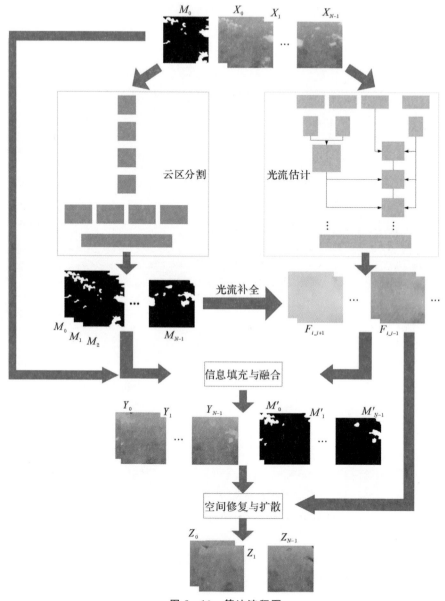

图 2-10　算法流程图

2.云区分割

云区分割属于视频目标分割问题,根据是否有首帧提示信息,可分为有无监督、半监督和交互式视频目标分割。考虑到因为光照、角度和天气的差异,不同无人机影像中云的颜色和形状特征差异很大，无法通过事先学习获得适应性广的分割模型，所以尝试在半监督目标分割的框架下解决该问题，即给定首帧云区掩膜，预测后续所有帧的云区掩膜。目前主流的半监督方法可分为在线学习方法、基于传播和基于匹配的方法。由于云是连绵、不规则的特殊目标，基于匹配的方法难以处理不断进入视场的云区，在线学习方法需要大量时间进行微调，因此采用基于传播的 MaskTrack 算法作为云区分割框架。

MaskTrack 原理可表示为

$$M_i = \mathrm{MT}(M_{i-1}, X_i) \tag{2-5}$$

式中：MT(·)表示分割网络；X_i 为第 i 帧图像；M_{i-1}、M_i 分别为第 $i-1$、i 帧的云区掩膜。由于给定了首帧的标注 M_0，可递推得到后续所有帧的云区掩膜。实施时，使用笔者公布的在公开数据集上训练好的模型为初始值，首先在少量已标注的航拍含云视频上微调，当应用于待去云视频时，再利用首帧的标注信息进行二次微调。具体地，将 M_0 经过随机旋转、平移、尺度、薄板样条变换和形态学操作生成假的 M_{-1}，由网络预测得到 M'_0，与 M_0 计算二分类数交叉熵损失，从而对网络参数进行再次调整。通过两次微调，MaskTrack 能够学习到航拍视频中云的形态特征，以及前后帧的关联性，从而得到更准确的云区分割结果。

3. 光流估计

光流估计提供帧与帧之间的稠密几何变换关系，可从中看出云区像素的运动轨迹，以便追溯和估计。目前效果较好的光流估计方法采用卷积神经网络或循环神经网络模型在拥有海量标注的数据集上进行充分的训练，但因为应用领域的差异性，直接用于航拍视频可能导致较大的估计误差，且由于航拍视频的光流标注难度大，故采用无监督方法进行光流微调。具体地，采用光流估计网络 RAFT，对任意连续的两帧 X_{i-1}、X_i，计算出 N 个层次的光流场：

$$\{f_1, f_2, \cdots, f_N\} = R(X_{i-1}, X_i) \tag{2-6}$$

同时，检测 X_{i-1} 中的角点 $\{c_k\}$，用 Lucas-Kanade 算法追踪 X_i 中的对应点并计算它们之间的稀疏光流 $f_{\{c_k\}}$。笔者认为，该数值具有较高的精度，并将稠密光流在这些点处的值与此的绝对差作为光流差异损失：

$$L_d = \sum_{i=1}^{N} \gamma^{N-i} \sum \parallel f_i(c_k) - f_{c_k} \parallel_1 \tag{2-7}$$

式中：γ 为指数加权因子。由于相邻帧时间差短，光照变化不大，对应像素点的灰度值应较为相似，所以引入测光损失：

$$L_{ph} = \sum_p (1 - o_p) \rho(X_{i-1}(p), X_i(p + f_N(p))) \tag{2-8}$$

式中：p 为 X_i 中任一像素；o_p 为因云层和移动造成的遮障，其中不可见位置为

1,可见为 0;$\rho(\cdot)$ 为测光差异函数。理想的航拍光流运动应是平滑、无间断的,因此可用光流的邻域计算平滑损失以约束噪声水平:

$$L_s = \sum_p \sum_{(s,r)\in N(p)} (f_N(s) - 2f_N(p) + f_N(r)) \tag{2-9}$$

式中:s、r 为像素点 p 的任意两个 8 邻接像素。设 X_{i-1} 到 X_i 的前向光流为 f^F,X_i 到 X_{i-1} 的后向光流为 f^B,颠倒前、后两帧计算出的光流场应具有对称性,因此使用循环一致性损失约束光流计算中的系统误差:

$$L_c = \sum_p (1-o_p^F)(f^F(p) + f^B(p+f^F(p))) +$$
$$\sum_p (1-o_p^B)(f^B(p) + f^F(p+f^B(p))) \tag{2-10}$$

式中:o_p^F、o_p^B 分别为前、后向计算的遮障。总的损失函数为以上 4 项的加权和:

$$L = \lambda_d L_d + \lambda_{ph} L_{ph} + \lambda_s L_s + \lambda_c L_c \tag{2-11}$$

当在一段航拍视频上实施时,首先加载在公开数据集上训练好的模型参数,然后综合前面方法得到的云区掩膜,在该视频上进行 5 轮微调,使模型充分适应航拍的环境。在微调训练结束后,用更新后的网络参数重新计算该视频连续帧间的前、后向光流 $\{F_{i\_i+1}\}$ $\{F_{i\_i-1}\}$。由于云的运动与地面有差异,所以舍弃云区范围内的光流场,使用 Fast Marching 方法对其中的光流进行补全,使之与周围未被遮挡的地面保持一致性。

4. 信息填充与融合

借助前面方法得到的云区掩膜和地面光流场,可追溯任意帧任一云区像素的运动,当该像素运动到云区之外时,即可作为该帧云区像素的估计值,是典型的基于光流的视频修复问题。但在应用过程中,须考虑两种不理想情况:一是由于光流场普遍存在噪声,易造成位置偏差,对此通过检验前、后向光流一致性设置追溯的起止时间;二是因追溯时间长引起的亮度差异,对此先修复每帧的梯度,再利用泊松融合重建像素值,以消除这种差异。设视频帧数为 N_F,具体见算法 2.1。

算法 2.1　基于光流的信息填充

输入:含云视频 $\{X_i\}$,云区掩膜序列 $\{M_i\}$,前、后向光流 $\{F_{i\_i+1}\}$ $\{F_{i\_i-1}\}$;
输出:去云视频 $\{Y_i\}$。

初始化:$i=0$。
(1)对 $i=0,1,\cdots,N_F-1$,计算帧 X_i 的水平和垂直梯度图 X_i^x、X_i^y;
(2)检查前、后向可传播帧,对 $M_i=0$ 的像素点,若

$$\varepsilon_{con} = \| F_{j\_j+1}(p) + F_{j+1\_j}(p+F_{j\_j+1}(p)) \| \leqslant T_r$$

则认为从 j 到 $j+1$ 帧可追溯;

(3)对 $M_i(p)=1$ 的所有像素 p,计算梯度填充信息 $C^x(p)$、$C^y(p)$:

1)若第 k 帧到第 i 帧逐帧可追溯,且 $M_k(p')=0$,记该帧为可追溯帧;

2)计算可追溯帧 X_k 与 X_i 的差异度和权重:用 SURF+RANSAC 计算 X_k 到 X_i 的单应变换 $H(X_k)$,以两者的 DISTS 差值作为差异度:

$$D_k = \mathrm{DISTS}(H(X_k), X_i)$$

并以 $w_k = \mathrm{e}^{-D_k/D}$ 作为 X_k 填补 X_i 的权重;

3)综合所有可追溯帧的梯度填充信息:

$$C^x(p) = \frac{\sum\limits_k w_k X_k^x}{\sum\limits_k w_k}, C^y(p) = \frac{\sum\limits_k w_k X_k^y}{\sum\limits_k w_k}$$

(4)对所有可填充像素 p,以 $C^x(p)$、$C^y(p)$ 为前景,X_i 的云外区域为背景,通过泊松融合得到去云后帧 Y_i,令 $M_i(p)=0$,记为 M_i';

(5)回到步骤(1)。

其中:N_F 为帧数;T_r 为判断光流一致性的阈值;p' 为与 p 光流对应的点;D 为尺度因子。该算法得到的 $\{Y_i\}$ 的修复像素完全由光流溯源,具备较强的真实性,这里称之为第一阶段去云输出。

5. 空间修复与扩散

由算法 2.1 得出的结果完全来自于前、后帧信息的"搬移",能够真实地反映出云区下的景物,但很多视频中存在自始至终被云遮挡的情况,无法在上面的框架下去除,从而影响人的视觉感受。对于该情况,统计视频中云区面积最大的帧,采用单幅图像修复算法进行填充,再执行算法 2.2,将填充的信息扩散到其他帧中。重复该过程,直至全部恢复前述检测的云区。

算法 2.2 基于光流的信息填充

输入:迭代初值 $\{Y_i^{(0)}\}$ $\{M_i'^{(0)}\}$,前、后向光流 $\{F_{i\_i+1}\}$ $\{F_{i\_i-1}\}$;

输出:无云视频 $\{Z_i\}$。

初始化:迭代轮次 $n=0$。

(1)统计 $\{M_i^{(n)}\}$ 每帧云区面积最大的帧数 k,用方法[115]进行修复,更新 $Y_k^{(n)}$,并置 $M_k'^{(n)}=0$;

(2)以 $\{Y_i^{(n)}\}$ $\{M_i'^{(n)}\}$ $\{F_{i\_i+1}\}$ 和 $\{F_{i\_i-1}\}$ 为输入,执行算法 2.1,得到进一步去云结果 $\{Y_i^{(n+1)}\}$ 和更新云区序列 $\{M_i'^{(n+1)}\}$;

(3)检索 $\{M_i'^{(n+1)}\}$ 是否还有云区,若有,$n=n+1$,回到步骤(1);若无,输出无云视频 $\{Z_i\} = \{Y_i^{(n)}\}$。

算法 2.2 得到的结果综合了图像空间的相似性和光流的传播,可以消除云层造成的遮断,恢复视频场景的一致性,这里称 $\{Z_i\}$ 为第二阶段去云输出。

6. 实验及对比分析

为验证所提方法的有效性,笔者选择了 49 段含云视频为研究对象,从中任意选取 10 段进行人工云区标注,用于网络微调,其余 39 段用于测试。编程环境为 Python 3.6.10 + Pytorch 1.5.0,当进行光流估计预训练时,超参数选择为 $\lambda_d = 1, \lambda_{ph} = 0.5, \lambda_s = 0.2, \lambda_c = 0.1$,当进行云区填充时,$T_r = 10, D = 0.5$。

(1)直观效果。图 2-11 给出了 4 段含云视频某一帧经过本方法处理后各阶段的输出,图 2-11(c)中标绿部分为还未去除的云区(下同)。当云层与地面相对运动越明显时,云区像素越容易在前、后帧出现,第一阶段去云的比例越高。图 2-12 给出了 39 段测试视频的第一阶段去除比例,最高接近 100%。

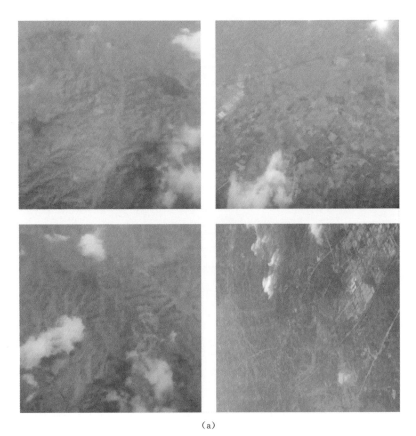

(a)

图 2-11　去云流程中间结果

(a)含云视频帧

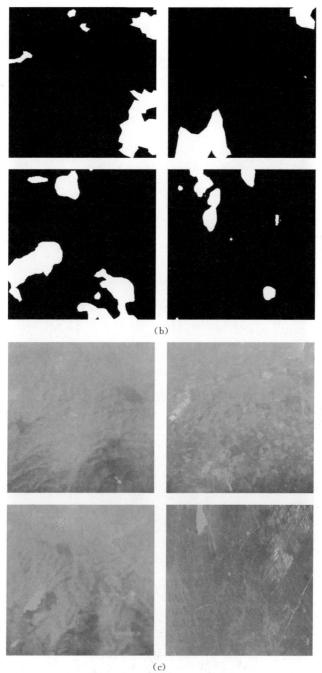

(b)

(c)

续图 2-11　去云流程中间结果

（b）检测到的云区；（c）第一阶段去云结果

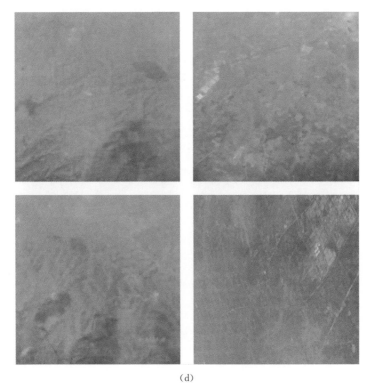

（d）

续图 2-11　去云流程中间结果

（d）第二阶段去云结果

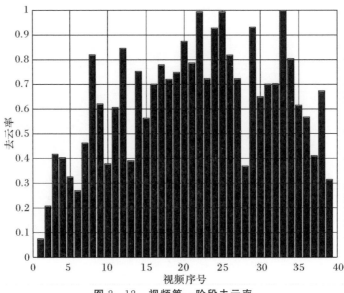

图 2-12　视频第一阶段去云率

（2）合理性。第一阶段恢复的像素是根据光流追溯前后、帧的结果,为验证这种方法的合理性,选取了 5 个含云关键帧的去云前以及第一阶段去云后做对比,同时根据算法 2.1 找出了任意一幅可追溯帧,见表 2-2。为便于观察,用红圈标记了部分被去除的云区,以及这部分信息在可追溯帧上的位置。

由表 2-2 可见,可追溯帧的信息被自然地"复制"到关键帧上,提高了原有信息量,部分消除了云造成的场景遮断,能够提高视频帧的可用性。

表 2-2 去云准确性实例

序号	关键帧	部分信息来源	去云后
1			
2			
3			
4			

续 表

序号	关键帧	部分信息来源	去云后
5			

（3）自然性。本方法使用了基于光流的视频修复算法，可以保证前、后帧中修复内容的一致性和流畅性。由于本章首次提出了视频去云，作为对比，采用单幅图像去云方法逐帧进行去云，云区掩膜仍由前述方法得到。图 2-13 给出了 3 例视频通过参考算法和本章方法第二阶段得到的 3 帧结果。可见，单幅图像去云只能利用帧内信息，不仅无法保证所恢复内容的准确，还会造成帧与帧之间的闪烁，而本方法则解决了这些问题，兼顾了真实性和自然性。

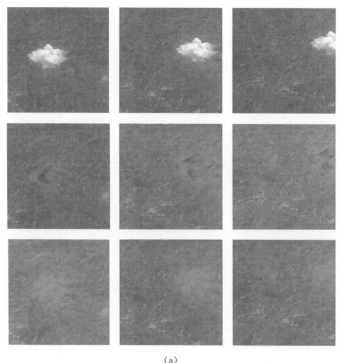

（a）

图 2-13　视频去云前、后帧间效果

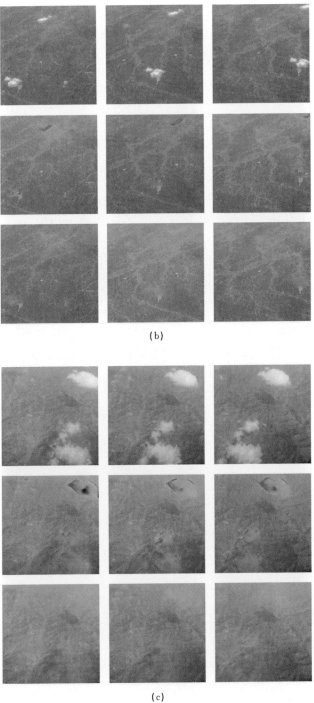

(b)

(c)

续图 2 - 13 视频去云前、后帧间效果

为了更好地量化航拍视频去云效果的自然性,这里使用两个指标进行评价。首先,由于拍摄距离较远,地面景物的光流比较平稳,被修复云区内光流的梯度的幅值也应该较小,笔者用掩膜内光流全变差(Total Variation,TV)损失进行刻画:

$$L_{\mathrm{tv}} = \frac{1}{hwc} \sum \sqrt{\left(\frac{\mathrm{d}F_{i\_i+1}}{\mathrm{d}x}\right)^2 + \left(\frac{\mathrm{d}F_{i\_i+1}}{\mathrm{d}y}\right)^2} \odot M \qquad (2-12)$$

另外,由固定的光流计算模型得到的前、后向光流也应保持一致性,用掩膜内一致性损失进行描述:

$$L_{\mathrm{consist}} = \sum_{p \in (M==1)} \left(F_{i\_i+1}(p) + F_{i+1\_i}(p + F_{i\_i+1}(p))\right) \qquad (2-13)$$

图 2-13 中对比方法与本书方法处理结果的两个指标见表 2-3,表 2-4 给出了全部 39 个测试视频上的平均指标。对比可见,本书方法的客观评价指标比对比方法小 1 个数量级,进一步证明了方法的有效性。

表 2-3　图 2-13 中视频对应的指标数值

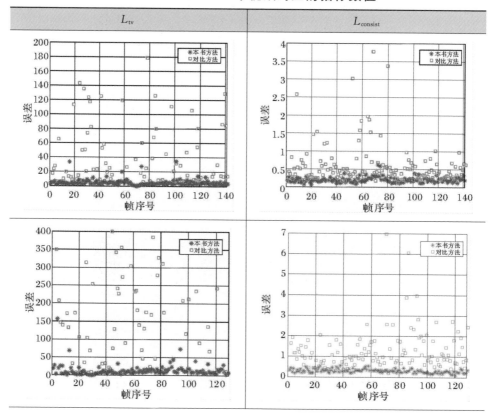

续 表

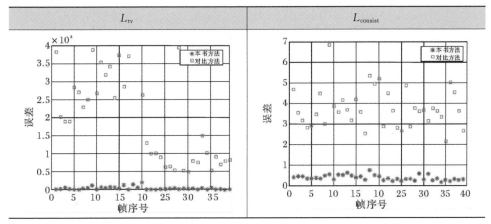

L_{tv}	$L_{consist}$

表 2-4　本书方法与对比方法的帧平均指标

指　标	掩膜内光流全变差损失/像素	掩膜内光流光流一致性损失/像素
对比算法	84 957	2.226 6
本书	1 473	0.315 4

2.3　基于 DeblurGAN 的图像去模糊技术

由于无人机成像平台和目标的相对运动造成的图像模糊给人视觉感知上的质量下降最明显,如图 2-14 所示。去模糊的研究从数字图像的诞生起就备受关注,但由于模糊核及参数难以精准确定,模糊的效果强依赖于暴力调参和模型优化。基于此,本章尝试借助于深度学习等相关技术,对模糊侦察图像进行清晰化处理,同时对其效果进行客观的评价研究。

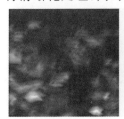

图 2-14　无人机运动模糊图像

非稳定成像平台清晰化技术可认为是对运动模糊图像进行去模糊。现有的经典去模糊技术可分为两类:盲去模糊和非盲去模糊。盲去模糊是指在模糊核未知的情况下,从单幅模糊图像估计出原始清晰图像,由于模糊核未知,当给定一幅模糊图像时,会存在很多种模糊核和清晰图像的结果,而且由于受到多噪声的混杂干扰,所以图像反卷积结果也会出现多个清晰图像不确定的情形。为了能够从单幅图像中估计模糊核和相应原始清晰图像,通常利用相关先验知识对其进行约束,即非盲去模糊。传统的图像盲恢复一般都是对图像在频域中加以约束,往往只能处理模糊程度有限的图像,且无法有效地保留空域中的细节信息,而利用空域内的多先验约束可较佳地对图像细节特征进行保留。侦察图像通常难以获得模糊核和相机运动信息,因此考虑利用盲方法去模糊。

笔者受文献 *DeblurGAN*:*Blind Motion Deblurring Using Conditional Adversarial Networks* 启发,提出了一种基于 DeblurGAN 的非稳定成像平台图像清晰化方法。

2.3.1 算法模型

本节算法旨在将模糊图像 I^B 作为输入的情况下恢复清晰图像 I^S,不需要任何关于模糊核的信息,通过训练生成器网络 G_{θ_G} 实现图像去模糊。对于每个 I^B 估计出相应的 I^S。此外,在训练阶段引入批评网络 D_{θ_D} 并以对抗方式训练两个网络。

1. 损失函数

首先将损失函数定义为对抗性损失(adv loss)和内容损失(content loss)之和:

$$\mathcal{L} = \underbrace{\underbrace{\mathcal{L}_{GAN}}_{\text{adv loss}} + \lambda \underbrace{\mathcal{L}_X}_{\text{content loss}}}_{\text{total loss}} \qquad (2-14)$$

式中:定义 λ 为 100,同时也没有对输入与输出之间的错误匹配进行惩罚。

进一步选择 WGAN-GP 作为判别函数,这样一来,生成器结构的鲁棒性有了一定保证。定义的损失函数公式为

$$\mathcal{L}_{GAN} = \sum_{n-1}^{N} -D_{\theta_D}(G_{\theta_G}(I^B)) \qquad (2-15)$$

采用感知损失函数作为内容损失。其是一个简单的 L_2 损失,但通过计算生成图像与目标图像特征图之间的距离表示两者的差异。感知损失函数定义为

$$\mathcal{L}_X = \frac{1}{W_{i,j}H_{i,j}} \sum_{x=1}^{W_{i,j}} \sum_{y=1}^{H_{i,j}} (\phi_{i,j}(I^S)_{x,y} - \phi_{i,j}(G_{\theta_G}(I^S))_{x,y})^2 \qquad (2-16)$$

式中:$\phi_{i,j}$ 是 VGG19 网络的第 i 最大池化层之前的第 j 次卷积时获得的特征映射,并在 ImageNet 上预先训练;$W_{i,j}$ 和 $H_{i,j}$ 表示特征图的维度。采用 $VGG_{3,3}$ 卷积层的激活,激活层越深代表了特征更加抽象。

2. 网络结构

生成器 CNN 结构如图 2-15 所示,该结构用于样式转换,包含 2 个带有步

幅为 1/2 的跨步卷积块、9 个残余块(ResBlocks)和 2 个转置卷积块(Transposed Convolution)。每个 ResBlock 由卷积层、实例标准化层(Instance Normalization)和 ReLU 激活层共同组成。在每个 ResBlock 的第 1 个卷积层后添加 0.5 概率的 Dropout 正则化。此外还引入了称为 ResOut 的全局跳过连接。CNN 学习模糊图像 I^B 的残差校正为 I^R,因此可得 $I^S = I^B + I^R$。这样的公式使得训练更快,并且使得模型收敛性提升。在训练阶段定义了带有梯度惩罚的 Wasserstein GAN 判别器网络 D_{θ_D},即 WGAN-GP。判别器网络结构与 PatchGAN 相同。除了最后一个卷积层之外,所有卷积层后面都是 InstanceNorm 层和参数 $\alpha = 0.2$ 的 LeakyReLU。

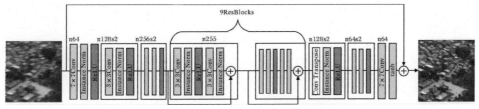

图 2-15　DeblurGAN 生成器结构

2.3.2　实验及结果分析

下面采用 GoPro 训练数据集中的 256×256 大小的随机样本进行训练,为了优化训练过程,在 D_{θ_D} 上执行 5 个梯度下降步骤,然后在 G_{θ_G} 上执行,使用 Adam算法作为优化器。对于生成器和判别器,初始学习率设定为 10^{-4},在前 150 个轮后的接下来的 150 个轮内将速率线性衰减至零。在测试时应用 Dropout 和实例标准化。训练时将批大小设置为 1 可获得较好的训练效果,训练过程如图 2-16 所示。

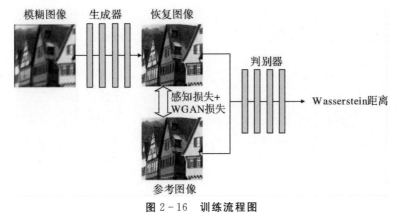

图 2-16　训练流程图

为了验证方法的有效性,对车载侦察运动模糊图像进行了实验。采用了经典对比算法,实验结果如图 2 - 17 所示。

文献[116]算法清晰化效果并不明显甚至较差;文献[117]算法清晰化效果有很多改进,但图像显得更加模糊,振铃效应较为明显。以上两种文献算法除了对侦察图像本身适用之外,对于算法中的参数设置也较为依赖,不同的参数设置会带来不同的清晰化结果,因此不适用于算法自动化、实时处理。而基于 DeblurGAN 的算法表明,所提出方法适用于侦察运动模糊图像,在数据集上得到了较为良好的清晰化结果,图 2 - 17 为部分图像清晰化结果。

原始图像　　　　　　文献[116]算法　　　　　文献[117]算法　　　　　所提出方法

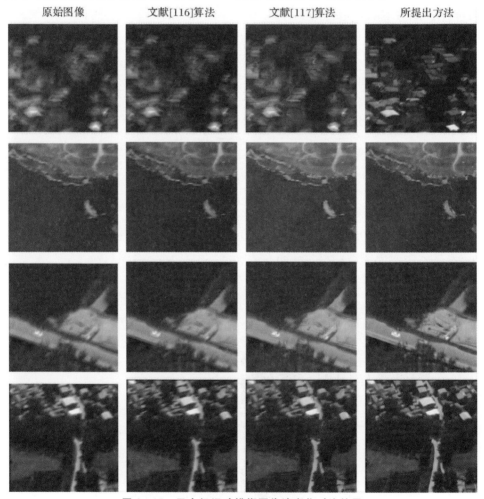

图 2 - 17　无人机运动模糊图像清晰化对比结果

2.4　基于稀疏表示的图像超分技术

在陆战场数字成像应用领域,高分辨率(High Resolution,HR)的图像既能提升系统处理性能,也可帮助接收者更准确地分析图像中的目标信息。然而,在实际侦察成像中,受限于成像系统、设备及成像条件,无人机获取的感兴趣区域影像常呈现质量较差、低分辨率(Low Resolution,LR)等情况,难以满足实际需求。

学者们基于已有的成像设备及相应的拍摄图像,探索提高图像空间分辨率的"软"方法——图像超分辨率重建技术(Super-Resolution,SR)。该技术首先建立图像退化模型,借助于图像先验知识,利用信号处理理论,在硬件成像系统固化的前提下,尝试从一幅或多幅低分辨率图像中"重构"相应的高频信息,并对退化因素的影响加以消除,获得低成本的高分辨率图像,可以把它归为复原技术研究的范畴。

2.4.1　稀疏表示图像超分辨率重建思想

在稀疏表示下进行超分辨率重建,其基本思想是高分辨率图像块可以由过完备字典中原子的稀疏线性组合来表示,当刻画图像本质特征的表示系数足够稀疏时,假设它在高/低分辨率字典下是同构一致的。根据该假设,在高/低分辨率稀疏同构一致性约束下求得输入图像的稀疏表示系数后,在高分辨率字典下进行线性组合可以得到重建图像,而重建所需的高/低分辨率字典是预先利用图像样本集通过学习训练获得的,整个过程分为三个阶段,分别是学习阶段、编码阶段和重建阶段,其基本思想如图 2-18 所示。

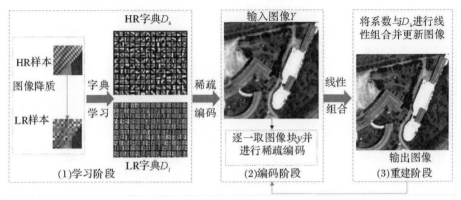

图 2-18　稀疏域图像超分辨率基本思想

2.4.2　鲁棒性超分辨率模型

超分辨率重建算法设计前依赖于数据退化模型的准确程度,图像质量退化过程可以用一个线性系统模型来描述:

$$Y_k = \boldsymbol{B}_k \boldsymbol{H}_k \boldsymbol{F}_k X + v_k, \quad k = 1, 2, \cdots, K \tag{2-17}$$

式中:$Y_k \in \mathbf{R}^L$ 表示第 k 帧观测图像;$X \in \mathbf{R}^N$ 表示原始高分辨率清晰图像;$v_k \in \mathbf{R}^L$ 为随机变量,表示具有某种概率分布的噪声;$\boldsymbol{F}_k \in \mathbf{R}^{N \times N}$ 表示 X 相对于 Y_k 的运动变形矩阵;$\boldsymbol{H}_k \in \mathbf{R}^{N \times N}$ 表示图像光学模糊矩阵;$\boldsymbol{B}_k \in \mathbf{R}^{L \times N}$ 表示下采样矩阵。而这些退化矩阵 $\boldsymbol{B}_k$、$\boldsymbol{H}_k$、$\boldsymbol{F}_k$ 都具有稀疏性特征。由于本书聚焦在单幅图像的超分重建,为简化表述,在后文叙述中将去除下标标记,以 Y 和 X 等加以代替。

依据稀疏表示理论,高分辨率图像 X 的图像块 $x \in \mathbf{R}^n$ 可由高分辨率字典 $D_h \in \mathbf{R}^{n \times K}$ 的稀疏线性组合来表征:

$$x \approx D_h \alpha \tag{2-18}$$

式中:D_h 可通过纹理结构信息丰富的高分辨率样本图像训练获取,而稀疏表示系数 $\alpha \in \mathbf{R}^K$ 则可由观测图像 Y 块 $y \in \mathbf{R}^n$ 在低分辨率字典 D_l 稀疏编码中求解:

$$\min \| \alpha \|_1 \ \text{s. t.} \ \| D_l \alpha - y \|_2^2 \leqslant \varepsilon \tag{2-19}$$

式中:逼近误差用 ε 表示。式(2-19)的求解常用拉格朗日乘子方法:

$$\hat{\alpha} = \arg \min_\alpha \lambda \| \alpha \|_1 + \frac{1}{2} \| D_l \alpha - y \|_2^2 \tag{2-20}$$

阐述 λ 的作用是对表示系数的稀疏程度和分解精度进行平衡。

为降低 X 与 Y 的空间分辨率差异带来的复杂程度并简化表述,对 Y 进行上采样插值操作在空间分辨率尺寸逼近 X:

$$X_l = QY \tag{2-21}$$

式中:$Q : \mathbf{R}^L \to \mathbf{R}^N$;$X_l$ 表示对观测图像 Y 的插值结果,则式(2-21)可变为

$$X_l = QY = Q(\boldsymbol{BHF}X + v) = \boldsymbol{QBHF}X + Qv \tag{2-22}$$

令 $\boldsymbol{L} = \boldsymbol{QBHF}$ 是投影变换矩阵,表示从高分辨率图像到低分辨率图像的下采样降质操作,$\tilde{v} = Qv$,则式(2-22)可简写为

$$X_l = \boldsymbol{L}X + \tilde{v} \tag{2-23}$$

通过对 X_l 的处理,使重建的结果尽可能地逼近原始图像 X。设 $x^k \in \mathbf{R}^n$、$y_k \in \mathbf{R}^n$ 分别表示原始图像 X 和观测图像 Y 的对应位置的第 k 个图像块,噪声干扰下有

$$y^k = L^p x^k + \tilde{v}_k \qquad (2-24)$$

式中:L^p 是 L 的局部化操作;$\tilde{v}_k$ 表示第 k 个图像块的噪声。由式(2-24)可知,$x^k = D_h \alpha^k$,$\alpha^k \in \mathbf{R}^K$ 表示第 k 个图像块的表示系数,此式两边同乘以 L^p,则有

$$L^p x^k = L^p D_h \alpha^k \qquad (2-25)$$

从而有

$$\| y^k - L^p D_h \alpha^k \|_2^2 \leqslant \tilde{\varepsilon} \qquad (2-26)$$

式中:$\tilde{\varepsilon}$ 表示逼近误差,它与噪声 $\tilde{v}_k$ 的强度有关。

2.4.3 样本准备及改进型 K-SVD 离线字典学习

1.学习样本准备

采集合适的高分辨率图像记为 $\{S_h^i\}$。采用 $\boldsymbol{L} = \boldsymbol{QBHF}$ 投影变换操作,得到对应的低分辨率图像,再插值放大到原尺寸作为低分辨率样本图像 $\{S_l^i\}$,在学习和重建阶段中 L 操作保持一致。对高分辨率样本图像 $\{S_h^i\}$,通过计算图像差 $e_h^i = S_h^i - S_l^i$ 去除其低频部分。对于低分辨率样本图像 $\{S_l^i\}$,采用梯度算子或 Laplacian 滤波器进行 R 次高通滤波,记为 $\{f_r * S_l^i\}_{r=1}^R$,$*$ 表示卷积操作,以获得局部图像局部特征并与去除低频后的高分辨率图像块对应。

2.改进型 K-SVD 离线字典学习

对于重建所需的高分辨率字典 D_h,可通过目标函数并进行求解获得。在获得 α^k 的情况下,D_h 的求解就应该使这个表示尽可能的精确,也就是 D_h 的优化目标应该使逼近误差最小,在高分辨率样本集 $S_h = \{s_h^k\}_{k=1}^N \in \mathbf{R}^n$ 下,其目标函数构造如下:

$$D_h = \arg\min_{D_h}\{\| s_h^k - D_h \alpha^k \|_2^2\}_k = \arg\min_{D_h} \| \boldsymbol{S}_h - D_h \boldsymbol{A} \|_F^2 \qquad (2-27)$$

式中:$\boldsymbol{A} = \{\alpha_1, \alpha_2, \cdots, \alpha_N\} \in \mathbf{R}^{K \times N}$ 是由 α^k 形成的系数矩阵;而 $\boldsymbol{S}_h = \{s_h^1, s_h^2, \cdots, s_h^N\} \in \mathbf{R}^n$ 是相应的样本矩阵。很显然,应该选取不同的高分辨率样本图像块对不同的图像进行超分辨率重建,如针对无人机图像超分辨率重建,采用高分辨率的侦察图像进行字典训练。

2.4.4 超分辨率重建算法

本节图像超分辨率重建算法描述见算法 2.3。

算法 2.3　图像超分辨率重建算法

输入:高分辨率字典 D_h,低分辨率字典 D_l,待重建的输入图像 Y;
输出:重建的图像 X^*。

初始化:图像块数量 N,图像块大小 n,初始估计 X_l(通过对 Y 进行插值操作获得)。

(1) 对 X_l 进行 R 次滤波(与样本准备阶段相同),得到 $(f_k * X_l)$;

(2) 从左上角开始,设定重叠区域,对 R 个图像 $f_k * X_l$ 逐一提取相同位置大小为 $\sqrt{n} \times \sqrt{n}$ 的图像块,并将同一位置的图像块进行串联组成一个向量,得到待重建的图像块集 $\{\hat{x}_l^k\}_k \in \mathbf{R}^{nR}$;

(3) 对 $\hat{x}_l^k$ 逐一进行 PCA 降维操作(与样本准备阶段相同),得到 $x_l^k = B\hat{x}_l^k$;
　　For $i = 1$ to N do

(4) 对每个 x_l^k 利用 OMP 算法进行稀疏编码,得到稀疏表示系数 α^k;

(5) 由 α^k 和 D_h 求得近似的高分辨率图像块 x^k;

(6) 根据 X_l 及 x^k,对 X^* 进行更新;
　　End for

(7) 求得最终结果 X^*。

2.4.5 实验及结果分析

为验证设计算法的有效性,下面采用仿真测试图像、实际侦察图像等数据开展测试,选择 Bicubic 插值方法及 Yang 方法进行比较分析。

实验在仿真测试图像数据集和实际侦察图像数据集上进行。仿真测试图像包括标准图像 boston、无人机电视侦察、无人机航空相机侦察,通过仿真获取低分辨率图像,如图 2-19(a)所示。实际侦察图像由无人机航拍获得,如图 2-19(b)所示。

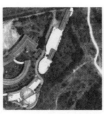

(a)　　　　　　　　　　　　　　　　　　　(b)

图 2-19　测试图像

(a) 仿真测试图像;(b) 实际侦察图像

1.仿真实验

为了便于人眼更好地观察细节信息,图2-20～图2-22给出了仿真实验图像的局部,对比方法既包括传统的双二次线性方法,也包括与所提方法相近似的基于样本学习的方法(Example-based)。

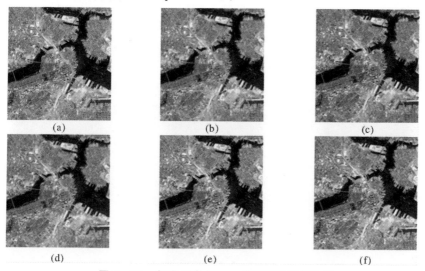

图 2-20   标准图像 boston 仿真重建结果比较
(a)原始图像;(b)仿真低分辨率图像;(c)双二次线性方法;(d)Example-based;
(e)所提方法(通用标准测试图像样本字典);(f)所提方法(实际测试图像样本字典)

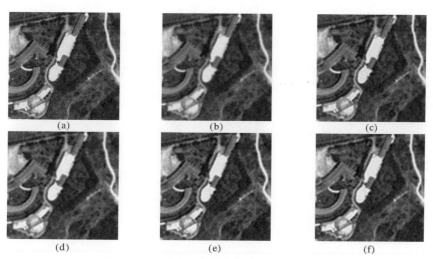

图 2-21   航空相机图像仿真重建结果比较
(a)原始图像;(b)仿真低分辨率图像;(c)双二次线性方法;(d)Example-based;
(e)所提方法(通用标准测试图像样本字典);(f)所提方法(实际测试图像样本字典)

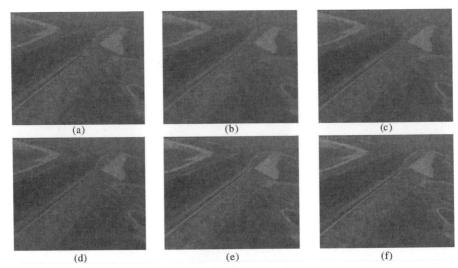

图 2-22   机载可见光图像仿真重建结果比较

(a) 原始图像;(b) 仿真低分辨率图像;(c) 双二次线性方法;(d)Example-based;

(e) 所提方法(通用标准测试图像样本字典);(f) 所提方法(实际测试图像样本字典)

2.实际侦察图像实验

在实际的侦察图像超分辨率实验中,同样的针对无人机航拍侦察图像,采用的对比方法既包括传统的双二次线性方法,也包括与所提方法相近似的基于样本学习的方法(Example-based),如图 2-23 所示。

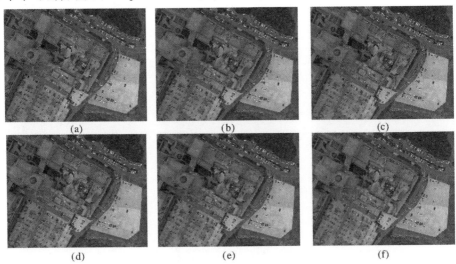

图 2-23 实拍图像的重建效果对比

(a) 原始图像;(b) 仿真低分辨率图像;(c) 双二次线性方法;(d)Example-based;

(e) 所提方法(通用标准测试图像样本字典);(f) 所提方法(实际测试图像样本字典)

3. 实验分析

从以上实验结果可以发现,无论是仿真测试图像还是实际侦察图像,所提方法的重建结果从人眼的主观视觉效果看,各类图像目标在大轮廓边缘、小细节信息等方面都明显高于传统的双二次线性方法,如无人机航空相机拍摄的某机场跑道图像,其跑道边缘的锯齿明显降低,与基于样本学习的方法比起来总体相当,验证了所提方法的有效性。但是,当用相同类型的实际测试图像作为训练样本进行字典学习时,所重建的结果在细节恢复方面要略有提高,如无人机获取的某大坝图像左下角的密集建筑轮廓等细节。

2.5 小　　结

无人机拍摄影像在成像过程中会受到各种降质因素的影响,从而给后续的目标检测与识别带来巨大挑战,因此需要借助于图像处理技术进行必要的预处理。本章分析了无人机成像特点及目标特性情况,结合具体要求,重点针对影像中出现云雾遮挡、运动模糊、感兴趣目标区分辨率不足等问题介绍了相关的预处理工作。实际检测过程中无人机影像还存在噪声干扰、抖动畸变、通道编码缺失等情况,限于篇幅,这里不再赘述,感兴趣的读者可参考相关成熟经典方法进行相关增强处理。

第3章　无人机影像目标数据集构建

深度学习是由数据驱动的,依赖于大量的标注数据,无人机侦察影像目标智能化检测识别离不开目标数据集,数据集的质量直接影响无人机侦察影像的分析处理。增加数据集的数据规模和多样性,可以增强模型对数据更深层次、更抽象特征的提取能力,提高模型的泛化能力和鲁棒性,避免模型发生过拟合问题。

由于军事侦察图像样本的特殊性,基本没有公开的含有大量军事目标的图像数据集,所以本章对无人机侦察目标数据集的构建过程进行研究,为后续目标检测工作提供支持。本章首先采用筛选公开航拍数据、收集真实数据、航拍模型图像、软件生成仿真图像等方法得到原始数据,而后进行数据增强,产生大量不同地形、天气、光照条件下,各种尺度、角度目标的无人机影像,最后对目标数据进行标注等处理,建立数据集。

3.1　公开航拍数据集筛选

由于基于深度学习的无人机航拍图像目标检测刚刚起步,所以公开的航拍图像数据集较少,且数据集规模较小,公开程度也各有不同。目前可获得的航拍数据集包括 DOTA、UCAS-AOD 和 HRRSD 等。

1. DOTA 数据集

DOTA 数据集由武汉大学测绘遥感信息工程国家重点实验室和华中科技大学电子信息与通信学院联合标注,用于航拍图像的目标检测任务,包含 2 806 张遥感图像(大小约 4 000×4 000),188 282 个对象,分为飞机、船只、海港、桥、大型车辆、小型车辆、直升飞机等 15 个类别。每个实例都由一个四边形边界框标注,顶点按顺时针顺序排列。DOTA-v1.5 在原数据集基础上进行了更新,包含 40 万个带注释的对象实例,同时增加了集装箱、起重机等类别,如图 3-1 所示。

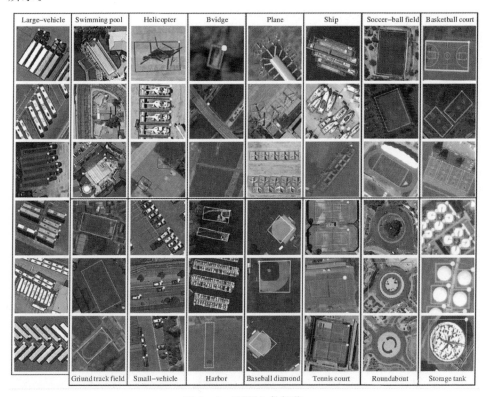

图 3-1 DOTA 数据集

2. UCAS-AOD 数据集

UCAS-AOD 数据集由中国科学院大学模式识别与智能系统开发实验室标注,是一个遥感影像数据集,用于飞机和车辆检测,包含汽车和飞机两类目标以及背景负样本共计 2 420 张图像。其图像目标均以小目标俯视角度呈现,标注方式与 DOTA 相同,如图 3-2 所示。

 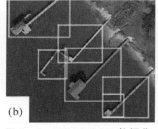 

图 3-2 UCAS-AOD 数据集

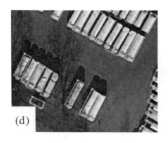  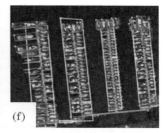

(d)　　　　　　　　　(e)　　　　　　　　　(f)

续图 3-2　UCAS-AOD 数据集

3. HRRSD 数据集

HRRSD 数据集由中国科学院大学标注,包含从 Google Earth 和 Baidu 地图获取的 21 761 张图像,空间分辨率从 0.15 m 到 1.2 m。HRRSD 中包含飞机、汽车、篮球场、桥梁、十字路口、港口等 13 类目标,共有 55 740 个目标的实例,各个类别之间样本量较均衡,每个类别都有大约 4 000 个样本,如图 3-3 所示。

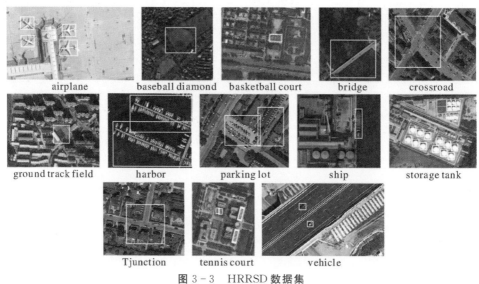

图 3-3　HRRSD 数据集

4. VisDrone 数据集

VisDrone 数据集由天津大学机器学习和数据挖掘实验室的 AISKYEYE 团队标注。基准数据集包含 288 个视频片段,由 261 908 个帧和 10 209 个帧组成静态图像,由安装在小型无人机上的传感器捕获,涵盖了十分广泛的内容,包括位置(相距较远的 14 个城市)、环境(城市和乡村)、物体(行人、车辆等)和密度(稀疏和拥挤的场景)。拍摄条件是在各种情况下以及在各种天气和光照条件下使用各种无人机平台收集,并包含部分遮挡目标,如图 3-4 所示。

(a)

(b)

图 3-4   VisDrone **数据集**

(a)图像目标检测;(b)视频目标检测

5. xView **数据集**

xView 数据集由美国国防部的国防创新部门实验室(DIUx)、DigitalGlobe 和美国国家地理空间情报局联合发布,主要用于评估人工智能方法对高空卫星图像进行分类的能力,如学习效率、细粒度类别检测和多尺度识别等。xView 包含飞机、车辆、船舶、建筑物等 7 个大类 60 个小类的 100 万个不同对象,分布在 1 400 km² 的卫星图像上,最大地面样本分辨率为 0.3 m,如图 3-5 所示。

图 3-5   xView **数据集**

由于本书主要针对民用车辆、装甲车辆、火炮、单兵(人)、工事(建筑)、飞机等典型目标开展目标检测识别研究,以上所列数据集虽有一定程度的涉及,但使用场景不同,图像类型不一,不同数据集标注情况参差不齐,而且图像地面分辨率也存在较大差距,所以其中大部分图像无法直接使用,需要进行不同程度的筛选和处理,如图像裁剪、目标标注等工作。

3.2 军事目标数据收集

由于没有公开的用于军事目标检测的图像数据集,所以需要收集含有目标的军用无人机影像,以便于模型训练。无人机影像为高空拍摄,角度以侧视图为主,包含目标顶部信息和部分侧面信息。

对于军用无人机影像,一方面由于工作环境较为恶劣,影像清晰度不如普通无人机航拍影像;另一方面由于其涉及作战行动、内部装备设备等保密原因,数据集相互独立且目标内容相对特定,使得样本收集变得十分困难。最终,笔者得到约 2 000 张不同背景、角度、光照度、尺度等条件下的图像,目标类型包括民用车辆、装甲车辆、火炮、单兵(人)、工事(建筑)、飞机 6 种类型,如图 3-6 所示。

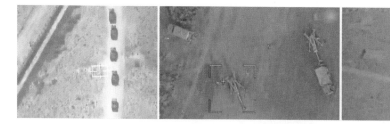

图 3-6 无人机侦察图像

3.3 目标数据模拟生成

由于含军事目标影像收集难度较大,真实样本数据量较少,且缺乏不同条件下的含目标图像,所以笔者通过采集目标模型影像和软件仿真生成影像的方法来丰富样本数据。

1. 采集民用无人机拍摄目标模型影像

利用小型民用无人机替代实装飞行,采用拍摄地面目标缩比模型的方式生成图像,如图 3-7 所示。通过调整无人机的飞行高度和角度,改变地面背景以及模型的方向和姿态等,可得到接近实飞状态下的无人机图像,进一步加强数据的多样性。

(a)　　　　　　　　　　　　　　　　(b)

图 3-7　民用无人机拍摄模型图像

(a)草地影像;(b)缩比模型

2.软件仿真生成影像

通过计算机三维仿真技术生成模拟场景和目标,从而得到仿真的侦察影像。该方法可得到海量影像数据,解决目标样本数据不足的问题。

笔者利用三维引擎开发了无人机影像仿真软件,界面如图 3-8 所示。仿真软件可生成装甲、火炮、直升机、工事等 18 种类型仿真目标(见图 3-9),能够产生在不同地形、光照、高度、角度下的航拍视频或图像,还可模拟雨、雪、雾等天气条件(见图 3-10)。

图 3-8　仿真软件界面

图 3-9　仿真目标生成界面

图 3-10　仿真环境生成界面

仿真生成图像如图 3-11 所示。

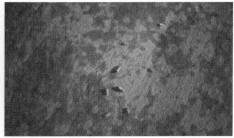

图 3-11　仿真生成图像

3.4　目标数据增强

为提升模型的泛化能力,通常会对样本数据采取一系列的扩充措施,即数据增强(Data Augmentation)。

数据增强技术是在目标样本数量少、难获取、平衡性差等情况下采取的一类增强训练效果的方法。其利用现有图像数据进行增强操作,从而丰富样本量,模拟现实情况中可能发生的随机情况,提升神经网络模型在不同情况下的鲁棒性和泛化能力。笔者使用 Python 中的 numpy 库进行批量图像处理,实现数据集的扩充。采用 3 种数据增强方式:一是几何变换,即通过旋转、翻转(镜面)、平移等几何运算随机改变像素点空间位置关系;二是改变像素 RGB 三通道值进行颜色、对比度、亮度等的光度变换;三是采用 YOLO 系列检测方法的数据增强方式 Mixup。

1. 几何变换

几何变换中,假设原像素点 (x, y) 转换成 (x', y'),计算过程为

$$\begin{bmatrix} x' \\ y' \\ 1 \end{bmatrix} = \begin{bmatrix} a_{11} & a_{12} & 0 \\ a_{21} & a_{22} & 0 \\ a_{31} & a_{32} & 1 \end{bmatrix} = \begin{bmatrix} x \\ y \\ 1 \end{bmatrix} \tag{3-1}$$

(1)旋转变换。旋转变换是指将图像像素绕随机一点旋转随机角度获得新的像素坐标,假设 x 和 y 方向的位移量分别为 Δx 和 Δy,角度为 θ,计算过程如下式所示,示意图如图 3-12 所示。

$$\begin{bmatrix} x' \\ y' \\ 1 \end{bmatrix} = \begin{bmatrix} \cos\theta & -\sin\theta & 0 \\ \sin\theta & \cos\theta & 0 \\ 0 & 0 & 1 \end{bmatrix} = \begin{bmatrix} x \\ y \\ 1 \end{bmatrix} \tag{3-2}$$

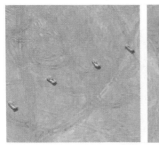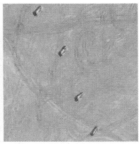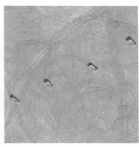

图 3-12　旋转变换数据增强示意图

（2）镜面翻转。镜面翻转分为水平镜面翻转、垂直镜面翻转和对角镜面翻转。以水平镜面翻转为例,就是将图像的左右不分以图像垂直中轴线为中心进行镜像对换。图 3-13 为水平镜面翻转示意图。

图 3-13　水平镜面翻转数据增强示意图

（3）随机平移。针对样本图像,使用矩形框随机剪裁出部分图像,并将图像的中心点按照随机算法在图像坐标中平移。其示意图如图 3-14 所示。

图 3-14　随机平移示意图

2.亮度变换

亮度变换这一数据增强方法使用比较广泛,通常有边缘增强法、色彩抖动法等,如图 3 - 15 所示。

图 3 - 15　亮度增强示意图

还可以对图像的亮度、对比度和 γ 值等进行随机改变,示意图如图 3 - 16 所示。

图 3 - 16　色调变换数据增强示意图

噪声叠加也可以说是亮度变化的一种。在 Python 中的 skimage 库即可进行相关处理,加入高斯噪声的目标图像如图 3 - 17 所示。

图 3 - 17 加入高斯噪声的图像示意图

3.5 自建目标数据集

1. 数据标注

对收集和生成得到的图像数据采取人工标注方式进行标注。自建目标数据集利用开源软件 labelme 进行标注,界面如图 3-18 所示,可对图像进行多边形、矩形、圆形、多线段等形式的标注。标注生成的结果为每张图片对应的 txt 格式的标签文件,图 3-19 为某一图片对应 txt 格式文件内容,图中展示了标签文件中所包含的信息,包括图片的路径、名称、尺寸,以及目标类型信息等。在标注时,需要将标签框尽量贴近目标,同时剔除被严重遮挡(被遮挡面积大于50%)的目标,以提高目标数据的有效性。

图 3 - 18 labelme 标注软件界面

图 3-19 标签文件

2.目标数据集构建

采用上述方法建立目标数据集,对 5 类约 20 000 张图像进行了标注,得到了具有标签信息的数据,并以 4∶1的比例划分为训练集和验证集,满足了目标检测算法训练与测试需求,如图 3-20 所示。

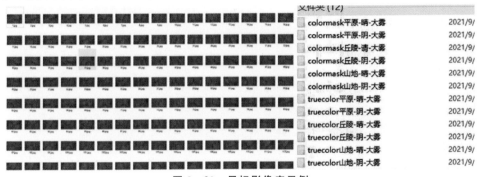

图 3-20 目标影像库示例

3.6 小 结

无人机侦察影像的目标智能化检测离不开样本采集,样本数据的质量直接影响无人机侦察影像的分析结果,从而对目标检测与识别产生不同程度的影响。本章采用多种方式收集并模拟生成不同地形、天气、光照条件下,各种尺度、角度目标的无人机影像,构建典型目标数据集,以提升模型算法的训练能力。

第4章 经典目标检测算法及评价指标

4.1 传统目标检测方法

传统目标检测方法主要包含三个关键步骤:区域选择、特征提取和目标分类,如图 4-1 所示。

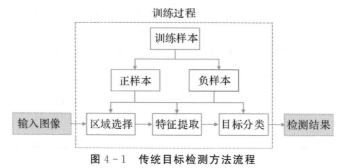

图 4-1 传统目标检测方法流程

1.区域选择

在目标检测过程中,目标在图像中的位置、大小往往都是未知的,如果盲目、穷举式地在图中搜索目标,其时间成本是无法接受的。因此,必须找到办法快速判断图中哪些区域包含目标的可能性较大,再重点对这些区域进行判断。这个过程就是区域选择。

典型的区域选择方法有窗口评分区域选择和聚合区域选择两种。窗口评分区域选择通常设定不同尺度、大小和长宽比的滑动窗口,在图像上进行遍历,对每一个生成的候选区域根据某种规则进行评分,选出得分最高的区域作为最终的候选区域。这种方法一般处理速度较快但精度不高。聚合区域选择的候选区域是利用算法生成的,存在重叠的情况,然后对它们分别进行特征提取和检测,如选择性搜索(selective search)算法。

2.特征提取

目标检测不但要获取目标在图像中的准确空间信息,而且要对目标进行分

类,这就离不开对目标特征的准确深入认识。对于计算机来说,需要利用一种
或一系列特征提取算法,将像素点以孤立点、曲线、区域等形式提取出来,作为
图像的特征。

特征提取需要考虑到光照、尺度、背景等多变因素,其性能直接影响分类检
测的准确度。在传统目标检测方法中,特征和提取算法一般由人工构建,主要
包括尺度不变特征变换(Scale-Invariant Feature Transform,SIFT)特征、Haar
特征、HOG 特征等。

3. 目标分类

特征提取的结果一般表示为特定长度的特征向量,目标检测算法利用分类
器对特征向量进行分类,以此判断出目标的类型。一般来说,会针对不同任务
和待检测目标专门学习分类器,以提高准确性。传统目标检测方法中常用的分
类器有支持向量机(Support Vector Machine,SVM)、级联(cascade)分类器等。

获得分类为正例的结果,用目标框在图像中显示,往往会出现不同大小的
目标框重叠的情况,这时采用非极大值抑制算法(Non Maximum Suppression,
NMS)进行处理,可得到比较理想的最终结果。

传统目标检测算法在一些特定目标的检测中具有不错的表现,如 Haar+
Adaboost 算法在人脸检测中,以及 HOG+SVM 和 DPM(Deformable Parts
Model)算法在行人检测中。诸如此类的方法通过"特征提取+普通机器学习"
的框架来达到较好的性能,但由于这两部分处理的好坏没有必然的因果关系,
且人工特征无法很好地反映图像由低层到高层的语义特征,导致此类方法难以
在精度和速度上取得明显的突破。

4.2　基于深度学习的目标检测方法

2012 年,有专家提出了基于 CNN 的 AlexNet 模型,在图像分类的性能上
远远高于传统方法。基于这些分类网络,人们提出了多种用于目标检测的
CNN 模型,按照网络结构和目标框生成的不同,可分为两阶段方法和单阶段
方法。

4.2.1　卷积神经网络

卷积神经网络作为重要的深度学习模型之一,是一种特殊的深度前馈神经
网络,由于其具有良好的特征提取能力和泛化能力,所以在图像处理、目标检测

与跟踪、场景分类、人脸识别等领域获得了巨大成功。

受到人的视觉系统中局部感受野(receptive field)机制的启发,卷积神经网络也采用局部连接,以逐层的卷积运算逐步缩小处理的尺度,同时避免了每个层级间的全连接,极大地减小了模型的参数规模,降低了训练难度。

近年来,国内外的学者们从网络结构、层算法等方面,对卷积神经网络提出了各种改进,以适应不同的场景。但综合来看,CNN 共有的重要环节包括卷积层、激活层、池化层、全连接层和目标函数。

1.卷积层

卷积(convolution)是信号分析与处理中一种重要的运算,表征函数 f 与 g 经过翻转和平移的重叠部分函数值乘积对重叠长度的积分。其定义为

$$(f * g)(n) = \int_{-\infty}^{\infty} f(\tau)g(n-\tau)\mathrm{d}\tau \tag{4-1}$$

符号"$*$"代表卷积运算。其离散形式为

$$(f * g)(n) = \sum_{\tau=-\infty}^{\infty} f(\tau)g(n-\tau) \tag{4-2}$$

二维图像卷积与一维信号卷积类似,区别在于数据和移动都是在二维空间进行的。在运算时,卷积核在图像上按照指定的步长滑动,当滑动到某个位置时,卷积核上的元素与所覆盖图像上对应的像素相乘再相加,并加上偏置量,最终得到输出特征图上对应位置的值(见图 4-2)。

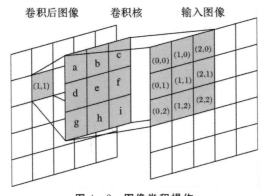

图 4-2　图像卷积操作

由于卷积核有一定的尺寸,滑动运算时,卷积核无法超出图像的范围,如果不进行其他操作,输出特征图的尺寸必然小于输入图像。随着层级递进,会导致图像尺寸越来越小,信息丢失严重。为此,在每次卷积操作前,需要对输入图像或特征图进行填充(padding)操作(见图 4-3),又称为补全。

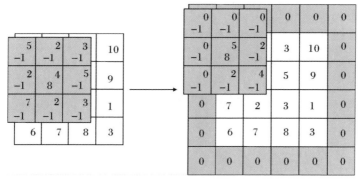

图 4 - 3　填充操作

根据卷积核的尺寸和步长,填充操作在图像的外围填充一部分人为构建的像素,使得卷积核中心可以覆盖到输入图像上的每一个像素,从而输出完整的特征图。填充时,分别沿 x 轴和 y 轴正、负方向上对称填充,填充宽度由卷积核的尺寸、步长和具体应用决定。填充操作的模式有以下几种:

(1)零填充,填充像素值均为 0;

(2)常数填充,直接指定填充的像素值;

(3)镜像填充,以图像边沿为对称复制像素值;

(4)重复填充,填充数据为距离当前位置最近的像素值。

2.激活层

卷积运算是单纯的线性运算,但实际中的问题往往是高度非线性的,因此 CNN 要模拟更复杂的非线性关系,就需要使用激活层(activation layer)。激活层又称非线性映射层,通过激活函数(activation function)实现非线性映射。激活函数的使用必须考虑非线性、可导性以及潜在的梯度爆炸/消失风险。在 CNN 中,激活层一般位于卷积层后,其输入一般是二维或多维矩阵,针对输入矩阵中的每个元素进行独立计算,而不改变输入数据的维度。

选择激活函数一般要考虑以下条件:

(1)非线性。导数不是常数,保证多层神经网络不会退化成简单线性变换。

(2)良好的可导性。因为神经网络训练时采用链式法则实现梯度的反向传播,所以除少数间断点,激活函数必须处处可导。

(3)计算简单。激活层的计算复杂度与神经元的个数成正比,因此简单的非线性函数更适合作为激活函数。

(4)非饱和性。激活函数若在某些区间梯度趋近于 0,就可能在训练时出现梯度消失现象,使得参数无法继续更新,因此激活函数应该尽量满足非饱和性。

(5)单调性。单调性保证了导数方向的明确性及网络的可收敛性。

(6)合理的输出范围。激活函数的输出将作为后续网络的输入数据,因此其输出应能够符合网络对数据的一般要求,如尽可能是零均值(zero-centered)的。

常用的激活函数有以下几种:

(1)Sigmoid 函数。Sigmoid 函数又称 Logistic 函数,表达式为

$$\sigma(x) = \frac{1}{1+e^{-x}} \tag{4-3}$$

如图 4-4 所示,该函数的输出值域为(0,1),在一定程度上模拟了生物神经元对信号的响应:当输入值 x 低于某个阈值时,函数的输出趋近于 0,类似于生物神经元的"抑制状态";当输入值 x 高于某个阈值时,函数的输出趋近于 1,类似于生物神经元的"兴奋状态"。其连续可导的数学特性是其能够作为激活函数的基本保证。

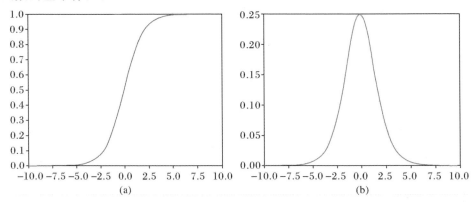

图 4-4 Sigmoid 函数曲线

(a)函数图形;(b)导数图形

虽然 Sigmoid 函数在早期的人工神经网络研究中得到了广泛使用,但是存在一些问题。例如,容易产生梯度消失现象,运算量较大,并且输出不是零均值等。

(2)Tanh 函数。Tanh 函数又称为双曲正切函数。Tanh 函数和 Sigmoid 函数非常相似,但是输出值域由(0,1)变为了(-1,1),而且导数的范围也扩大到了(0,1)。Tanh 函数的数学表达式为

$$\mathrm{Tanh}(x) = \frac{\mathrm{e}^x - \mathrm{e}^{-x}}{\mathrm{e}^x + \mathrm{e}^{-x}} \tag{4-4}$$

由函数图形(见图 4-5)可以看出,相对于 Sigmoid 函数,Tanh 函数解决了输出零均值的问题。此外,Tanh 函数的输出区间为(−1,1),其导数范围为(0,1),相比 Sigmoid 函数的(0,0.25)增大了不少。然而,当输入数据的绝对值较大的时候,其导数仍会快速趋近于 0,因此梯度消失问题仍然存在。此外,Tanh 函数依然存在运算量较大的不足。

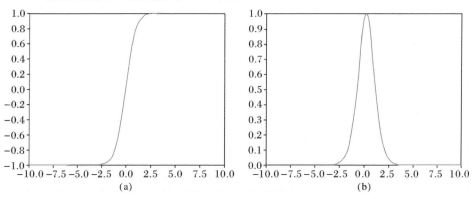

图 4-5　Tanh 函数曲线

(a)函数图形;(b)导数图形

(3)ReLU(Rectified Linear Unit)函数。ReLU 函数称为修正线性单元或线性整流函数,其数学表达式为

$$\mathrm{ReLU}(x) = \begin{cases} x, & x \geqslant 0 \\ 0, & \text{其他} \end{cases} \tag{4-5}$$

由函数图形(见图 4-6)可知:对于输入数据 $x \geqslant 0$ 的情况,ReLU 函数不做任何处理;而当输入数据 $x < 0$ 时,ReLU 函数将其抑制为 0。从信息处理的角度看,ReLU 函数实现的是对输入数据的稀疏表示。通过这种方式,促使网络在学习过程中抑制噪声信号或非感兴趣信息。相较于 Sigmoid 函数和 Tanh 函数,ReLU 函数具有以下优点:

1)ReLU 函数的梯度当 $x \geqslant 0$ 时为 1,当 $x < 0$ 时为 0,因此在 $x \geqslant 0$ 时克服了 Sigmoid 函数和 Tanh 函数的梯度消失问题;

2)ReLU 函数的计算简单,极大地节省了运算时间。

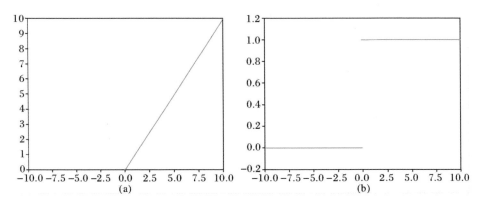

图 4 - 6　ReLU 函数曲线

(a)函数图形；(b)导数图形

　　但 ReLU 函数存在神经元"坏死"问题，即当输入为负时，ReLU 的梯度为 0，当反向传播时，无法将误差传递到该神经元上，导致神经元永远不会被激活，产生的主要原因是不合适的权重初始化和过大的学习率。此外，ReLU 函数并不是零均值的。

　　为弥补这些不足，人们提出了很多 ReLU 函数的变种，如 Leaky ReLU、PReLU、RReLU、ELU 等，在此不再赘述。

3.池化层

　　池化层的本质是进行数据压缩：一方面抑制响应较低的信号，降低噪声；另一方面减少需要学习的参数，降低网络规模，在空间上也实现了感受野的增大，有利于使用较小的卷积核实现更大尺度上的特征学习。

　　池化操作涉及的主要参数有池化核与池化步长。通常，池化核尺寸为方形，以便实现两个维度上的等比采样。

　　池化层参数为超参数，由人工选取，并不参与学习。目前最常见的池化核尺寸和池化步长都为 2，为非重叠池化（no-overlapping pooling）。根据池化核运算规则的不同，常见的池化方法主要有最大池化和平均池化两种类型。

　　(1)最大池化。最大池化(max pooling)过程类似于卷积过程，具体操作过程如图 4 - 7 所示。图 4 - 7 中，对一个 4×4 邻域内的值，用一个 2×2 的核、步长为 2 进行"扫描"，并选择池化核覆盖范围内的最大值输出到下一层，这称为最大池化。如果是多通道数据,则在各通道分别进行池化。经池化操作后,特征图高度、宽度分别减半,但是通道数保持不变。

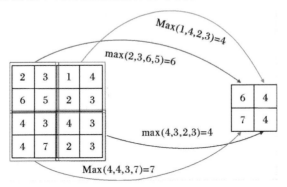

图 4 - 7 最大池化操作过程

(2)平均池化。平均池化(average pooling)是指将最大池化中取最大值的操作改为求区域的平均值,具体操作过程如图 4 - 8 所示。

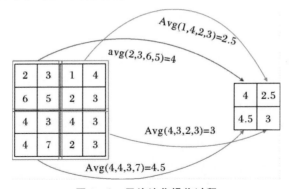

图 4 - 8 平均池化操作过程

4. 全连接层

在实际应用中,很多时候样本的真值标签往往是一维数据。为实现网络输出与一维标签进行比较,在早期的卷积神经网络应用中采用全连接层(fully connected layer)来解决这个问题。全连接层一般在网络的最后部分,作用是将二维的特征信息转化为一维的分类信息。全连接层有 m 个输入和 n 个输出,每个输出都和所有的输入相连,相连的权重 w 都是不一样的,同时每个输出还有一个偏置。网络可以有一个或者多个全连接层,如图 4 - 9 所示。

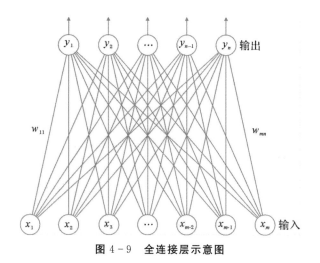

图4-9 全连接层示意图

5. 目标函数

几乎所有的机器学习算法最后都归结为求解最优化问题,以达到人们期望让算法达到的目标。为此,首先需要构造出一个目标函数(objective function),然后让该函数取极大值或极小值,得到机器学习算法的模型参数 θ。由此可见,构造出合理的目标函数是建立机器学习算法的关键,一旦目标函数确定,接下来就是求解最优化问题。

以有监督学习为例,为了衡量学得的模型参数的好坏,可以用一个函数来度量模型预测值与真实值之间的差异,称之为损失函数(loss function)或者代价函数(cost function)。需要说明的是,损失函数与误差函数具有一定的关系(如损失函数是误差函数的上界),但具有更好的数学性质,如连续、可导、凸性等,以便进行优化。

机器学习算法的目的就是要学习出一个函数来拟合数据分布。损失函数值越小,代表模型拟合效果越好。然而,损失不是越小越好,有时尽管对训练数据拟合得很好,但学习出的函数过于复杂,容易出现过拟合。

为了避免出现这种情况,往往还要引入一个度量模型复杂度的函数。在学习的过程中,既希望损失函数越小,也希望模型的复杂度不会太高,这种用于度量模型复杂度的函数称为正则化项(regularizer)。由此可见,机器学习的目标函数 J 通常由损失函数 L 和正则化项 Ω 两部分共同组成:

$$J(\theta;x,y)=L(f(\theta;x),y)+\lambda\Omega(\theta) \qquad (4-6)$$

式中:$f(\theta;x)$ 是算法模型的预测值;y 是真实值;$\lambda\in[0,+\infty]$ 是平衡正则化项 Ω 与损失函数 L 之间相对贡献的超参数,λ 越大,对应正则化项惩罚越大,将较大程度地约束模型复杂度。

4.2.2　常用主干网络

主干网络(backbone)是目标检测网络中必不可少的一部分,其作用是对输入图像进行特征提取,经常以预训练模型的形式出现来加速网络收敛。常用经典的分类网络可作为检测模型的主干网络,如 VGG、ResNet、GoogleNet 等。

1. VGG

VGG(Visual Geometry Group)作为早期广泛使用的网络模型,以其简单的搭建方式,在早期的分类任务和识别任务中均取得了不错的结果。

在 VGG 的网络结构中,卷积层采用了较小的 3×3 的卷积核,卷积步长为 1,填充模式为"same",即卷积不改变图像尺寸,并且采用了尺寸为 2×2、步长为 2 的池化层。在图像分类任务中,在网络的最后会增加两层全连接层构成分类网络,而在检测任务中,后面的全连接层会由具体情况进行取舍。

与 VGG 有关的 6 种网络配置见表 4-1:其中 LRN(Local Response Normalization)表示局部响应正则化;卷积层中 conv$x$-y 的 x 为卷积核大小,y 为卷积核数量,如 conv3-64 表示 64 个 3×3 的卷积核;每层卷积之后有一个 ReLU 激活函数;maxpool 表示最大池化;FC 表示全连接层,后面为神经元个数;最后一层为 Softmax 用于输出类别的概率。

VGG 证明了小尺寸卷积核的深层网络的性能优于大尺寸卷积核的浅层网络,证明深度对网络泛化性能的重要性,并且验证了尺寸抖动(scale jittering)对提升网络性能的有效性。但 VGG 网络的参数量巨大,计算速度缓慢,其中 VGG-19 基本上是参数量最多的卷积神经网络。

表 4-1　与 VGG 有关的 6 种网络配置

A	A-LRN	B	C	D(VGG-16)	E(VGG-19)
11 个权重层	11 个权重层	13 个权重层	16 个权重层	16 个权重层	19 个权重层
输入:224×224 的 RGB 图像					
conv3-64	conv3-64 LRN	conv3-64 conv3-64	conv3-64 conv3-64	conv3-64 conv3-64	conv3-64 conv3-64
max pool					
conv3-128	conv3-128	conv3-128 conv3-128	conv3-128 conv3-128	conv3-128 conv3-128	conv3-128 conv3-128

续 表

A	A-LRN	B	C	D(VGG-16)	E(VGG-19)
max pool					
conv3-256 conv3-256	conv3-256 conv3-256	conv3-256 conv3-256	conv3-256 conv3-256 conv1-256	conv3-256 conv3-256 conv3-256	conv3-256 conv3-256 conv3-256 conv3-256
max pool					
conv3-512 conv3-512	conv3-512 conv3-512	conv3-512 conv3-512	conv3-512 conv3-512 conv1-512	conv3-512 conv3-512 conv3-512	conv3-512 conv3-512 conv3-512 conv3-512
max pool					
conv3-512 conv3-512	conv3-512 conv3-512	conv3-512 conv3-512	conv3-512 conv3-512 conv1-512	conv3-512 conv3-512 conv3-512	conv3-512 conv3-512 conv3-512 conv3-512
max pool					
FC-4096					
FC-4096					
FC-1000					
Softmax					

2. GoogleNet

VGG 的参数量巨大,计算复杂度高,容易出现过拟合,尽管如此,它仍然成为计算机视觉的重要基准,后续的很多工作仍用它进行特征提取。然而,同期的 GoogleNet 在加深网络结构的基础上通过增加网络的宽度,使性能更进一步,采用的 Inception 模块能够将卷积操作转化为稀疏连接,从而减少参数数量。

GoogleNet 的网络结构中最关键的是 Inception 模块。图 4-10(a)为原始的 Inception 模块,每个模块由前输入层、并行处理层和过滤拼接层组成。其中,并行处理层包含 4 个部分,即 1×1、3×3 和 5×5 的卷积以及 3×3 的最大池化。虽然不同尺寸的卷积核可以获取不同大小目标的特征,但大尺寸的卷积核也会带来计算量的增大。为克服上述困难,GoogleNet 利用 1×1 的卷积核对其进行降维处理,得到了降维后的 Inception 模块[见图 4 - 10(b),也称为 Inception v1 模块]。虽然 Inception v1 模块比原始的 Inception 模块更复杂,但它包含的参数要少于后者。

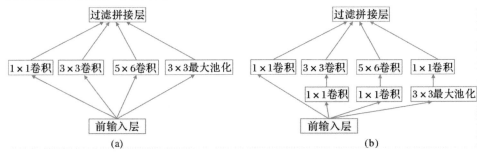

图 4 - 10   Inception 模块

(a)原始的 Inception 模块;(b)降维后的 Inception 模块

利用卷积层、池化层与 Inception v1 模块堆叠而成的模型称为 GoogleNet v1,其网络结构参数见表 4 - 2。其中,网络共包含 9 个 Inception v1 模块,输入层为减均值后的大小为 224×224 的 RGB 图像,并且每个卷积层后均采用 ReLu 激活函数,利用 40% 的 dropout 防止过拟合。

表 4 - 2   GoogleNet v1 的网络结构参数

结构类型	尺寸/步长	输出尺寸
convolution	$7\times7/2$	$112\times112\times64$
max pool	$3\times3/2$	$56\times56\times64$
convolution	$3\times3/1$	$56\times56\times192$
max pool	$3\times3/2$	$28\times28\times192$
Inception v1(3a)		$28\times28\times256$
Inception v1(3b)		$28\times28\times480$
max pool	$3\times3/2$	$14\times14\times480$
Inception v1(4a)		$14\times14\times512$
Inception v1(4b)		$14\times14\times512$
Inception v1(4c)		$14\times14\times512$
Inception v1(4d)		$14\times14\times528$

续 表

结构类型	尺寸/步长	输出尺寸
Inception v1(4e)		14×14×832
max pool	3×3/2	7×7×832
Inception v1(5a)		7×7×832
Inception v1(5b)		7×7×1 024
Avg pool	7×7/1	1×1×1 024
Dropout(40%)		1×1×1 024
Linear		1×1×1 000
Softmax		1×1×1 000

在吸取了 VGG 使用多个小卷积代替大卷积方法后,Inception v2 被提出,在模块的结构方面使用两个 3×3 卷积代替 5×5 卷积来减少参数量,结构如图 4-11 所示。Inception v3 则将 3×3 卷积拆成 1×3 或 3×1 这样的非对称结构,可以处理更多更丰富的特征信息,增加特征多样性,同时减少参数量。

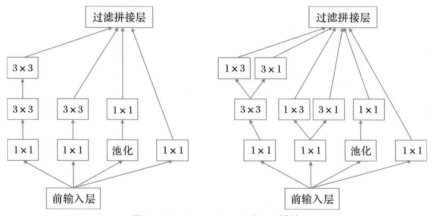

图 4-11 Inception v2 和 v3 模块

Inception v4 除了对先前版本的结构优化外,网络在结构上还借鉴了残差结构 ResNet 的思想,提出 Inception-ResNet 网络模块,具体来说,在 Inception 模块的基础上加入捷径连接(shortcut connection),除了可以加快收敛速度外,还可以加强特征复用以及避免深层特征图的梯度弥散等。

4.2.3 主流深度学习目标检测方法

目前主流的深度学习目标检测算法有两类:基于区域建议的两阶段目标检测算法和基于回归分析的单阶段目标检测算法。

4.2.3.1 两阶段目标检测算法

两阶段目标检测算法第一阶段的主要任务是生成一组标候选区域,然后将这些标候选区域送入第二阶段进行坐标回归和分类。

1. R-CNN

区域卷积神经网络(Region CNN,R-CNN)是将 CNN 用于目标检测的开山之作,作者 Ross Girshick 就是凭借该算法实现 PASCAL VOC 的目标检测在竞赛中折桂。

如图 4-12 所示,R-CNN 算法利用已有的选择性搜索(Selective Search,SS)算法在输入图像上生成大概 2k 个目标边界候选框,将 2k 个不同尺寸的候选框归一化并统一到固定大小后经过卷积神经网络进行特征的提取,将提取的特征送入不同类别的分类器产生类别得分,最后利用回归器对筛选后的边界框位置进行偏移量修正。

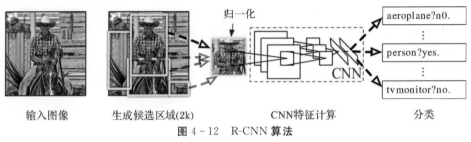

输入图像　　　生成候选区域(2k)　　　CNN特征计算　　　分类

图 4-12　R-CNN 算法

R-CNN 由于使用了 SS 算法来生成候选区域边界框,相比较传统检测算法的滑动窗口,大大降低了冗余窗口,提高了目标检测的效率,并且由于在特征提取时采用了卷积神经网路,检测准确率也有了大幅提升。但是在 R-CNN 中需要对产生的 2k 个候选框进行 CNN 特征提取计算,而 2k 个候选框实际上存在大量的重叠,即存在大量的重复特征提取,使得 R-CNN 算法处理速度相对较慢,因此作者在 2015 年又提出了 Fast R-CNN 算法。

2. SPP-Net

R-CNN 在分类时需要对图像进行缩放,可能会导致图像失真,影响准确率。对此,He 等人在 2014 年提出了 SPP-Net,将一个空间金字塔池化(Spatial Pyramid Pooling,SPP)层添加在卷积层和全连接层之间,经过该层处理,不同尺寸的特征图最终都以相同的尺寸输出,从而避免了缩放操作。同时由于 SPP-Net 是将整个图片送入 CNN 提取特征,所以减少了候选区域的重复计算。这些改进使得 SPP-Net 算法比 R-CNN 算法的检测速度提高了 24~102 倍,同时在 PASCAL VOC 2007 数据集上的 mAP 提高到 59.2%。

尽管如此,SPP-Net 仍然存在以下问题:

(1)整个训练需要经过微调网络、训练 SVM、训练边框回归器等,阶段仍然较多,比较耗时;

(2)微调算法不更新 SPP 层之前的卷积层参数,不能有效地调整参数权重,限制了准确率;

(3)分类器使用 SVM,无法实现端到端训练。

3. Fast R-CNN

如图 4-13 所示,Fast R-CNN 算法将整张图像送入特征提取网络产生特征图,然后将利用 SS 算法在原图上产生的候选框映射到特征图上,不仅避免对 2k 个候选框重复提取特征,还取消了归一化操作,使用 ROI 池化,避免了图像拉伸引起的特征丢失。

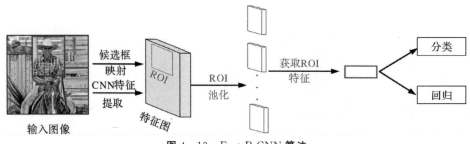

图 4-13　Fast R-CNN 算法

该算法虽然避免了对候选框的重复特征提取的卷积操作,但是由于其采用 SS 算法生成候选区域框耗费大量时间,检测速度依然没有大的提升。于是作者又紧接着提出了 Faster R-CNN 算法,以进一步提高检测速度。

4. Faster R-CNN

为了解决在原图上利用 SS 算法生成候选框计算量大的问题,作者对网络进行了改进,在算法中使用区域生成网络(Region Proposal Network,RPN)取代 SS 算法用来生成候选框,改进后网络的检测速度大大提升。网络结构如图 4-14 所示。

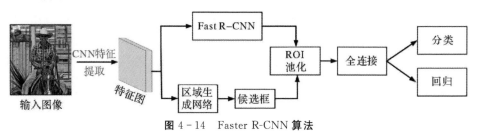

图 4-14　Faster R-CNN 算法

4.2.3.2 单阶段目标检测算法

为了提升目标检测算法的效率,单阶段算法应运而生。该类算法通过 CNN 提取输入图像特征之后,直接对目标坐标和类别进行预测。

1. YOLO 系列

诞生于 2015 年的 YOLO 方法,利用了一个卷积神经网络来实现目标位置与类别的检测,相对于 Faster R-CNN 速度更快。YOLO 方法经过了几次改进,分别称为 YOLO_v1、YOLO_v2、YOLO_v3 和 YOLO_v4。

(1)YOLO_v1。YOLO_v1 的网络结构如图 4-15 所示。

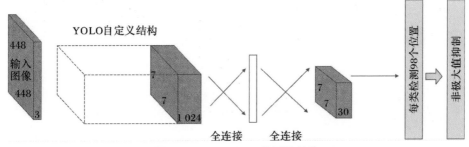

图 4-15 YOLO_v1 的网络结构

YOLO_v1 的输入图像为 448×448×3 的 RGB 图像,首先利用卷积神经网络进行特征提取,YOLO_v1 的卷积神经网络包含 24 个卷积层、4 个最大池化和 2 个全连接层,最终输出的特征图尺寸为 7×7×30。其特征提取网络结构如图 4-16 所示。

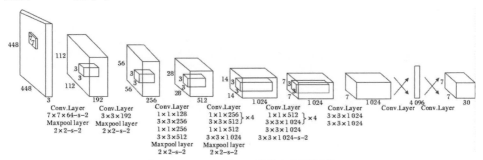

图 4-16 YOLO_v1 的特征提取网络

与特征图对应,YOLO_v1 将输入图像也划分为 7×7 个网格,每个网格对应特征图中的一个点,如图 4-17 所示。

所划分的每个网格负责检测中心点落在该网格内的目标。在 YOLO_v1 中每个网格会预测 2 个边界框及边界框的置信度。置信度一是由边界框含有

目标的概率 $\mathrm{Pr(Object)}$，二是含有边界框的几何准确度 $\mathrm{IoU_{pred}^{truth}}$，因而置信度可以定义为 $\mathrm{Pr(Object)} \times \mathrm{IoU_{pred}^{truth}}$。

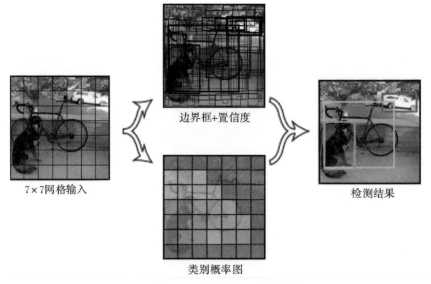

边界框+置信度

7×7网格输入

类别概率图

检测结果

图 4-17　YOLO_v1 网格划分

边界框的大小与位置可以用 4 个值 (x, y, w, h) 来表征，分别代表边界框相对于所属网格左上角坐标的偏移量与边界框尺寸。需要注意的是，偏移量以网格尺寸进行归一化，而尺寸以图像尺寸进行归一化，因此，4 个值的值域均为 $[0, 1]$。再加上置信度 c，每个边界框的预测值包含 5 个元素 (x, y, w, h, c)。

除了边界框，每个网格还要预测所包含目标的类别。对于每个类别，YOLO_v1 用 1 个数值来表示包含此类目标的概率。由于采用的是 PASCAL VOC 数据集，共有 20 个类别，所以，YOLO_v1 分配给每个网格 20 个数。这样，YOLO_v1 将图像划为 7×7 共 49 个网格，每个网格对应的预测值包括 2 个边界框共 10 个预测值，以及 20 个分类预测值。这也是特征提取网络最终输出 7×7×30 的特征图的原因。

YOLO_v1 共预测 98 个边界框，再采用非极大值抑制方法对预测结果进行优化，最终输出检测结果。由于采用一个端到端的卷积神经网络实现目标检测，YOLO_v1 速度较快，但是由于只选取了少量的边界框进行预测，而且物体的宽高比方面泛化率低，所以与 Faster R-CNN 方法相比，YOLO_v1 的目标定位性能较低。

（2）YOLO_v2。YOLO_v1 虽然检测速度很快，但是在检测精度上，此

R-CNN系列检测方法较低。因此,作为改进,YOLO_v2 采用多种策略来提升定位准确性和召回率。同时,YOLO_v2 仍然保持了其较高的检测速度。YOLO_v2的主要贡献如下:

1)批量归一化(Batch Normalization,BN)。在 YOLO_v2 中,每个卷积层后面都添加了 BN 层,并且不再采用随机失活,mAP 提升了 2.4%。

2)Anchor Boxes。YOLO_v2 借鉴了 Faster R-CNN 中的锚框策略,使得网络更容易收敛,也提升了网络的定位性能。

3)Darknet-19。YOLO_v2 采用了一个称为 Darknet-19 的特征提取网络,使得计算量可以减少约 33%。

(3)YOLO_v3。YOLO_v3 的主要改进是引入了残差网络及特征的多尺度融合,进一步提升了准确率。YOLO_v3 对 Darknet 也做了改进,不但增加了网络深度,还引入残差网络构建。新的 Darknet 有 53 层卷积层,故命名为 Darknet-53。Darknet-53 兼顾了性能与效率,在 ImageNet 数据集上,其性能与 ResNet-101 和更深的 ResNet152 基本一致,但速度快得多。

(4)YOLO_v4。YOLO_v4 是 2020 年 4 月推出的,使用 Tesla V100 GPU,在 MS COCO 数据集上以接近 65 FPS 的推理速度,实现了 43.5% AP 的准确度。

YOLO_v4 采用了近些年卷积神经网络领域中一些优秀的优化策略,从数据处理、主干网络、网络训练、损失函数等方面进行优化。例如,采用 Mosaic 数据增广方法,将 4 张训练图像组合成 1 张来进行训练,可以让检测器检测超出常规语境的目标,增强了模型的鲁棒性,同时减少对大的 mini-batch 的依赖,另外,采用自对抗训练(self-adversarial training)也可以在一定程度上抵抗对抗攻击。

2. SSD

Liu 等人于 2015 年提出了 SSD 算法,其网络结构如图 4 - 18 所示,其主要创新是引入了多参考和多分辨率检测技术,不同层的网络检测尺度不同的对象,对于小目标的检测效果有了很大的提升。除此之外,在训练过程中,为了解决难样本聚焦问题,引入了难例挖掘技术。SSD 在 PASCAL VOC 2007 上的 mAP 为 79.8%,在 PASCAL VOC 2012 上为 78.5%,在 MS-COCO 上为 28.8%,结合了 YOLO 检测速度快和 Faster R-CNN 定位精准的优势,在检测速度和精度方面取得了很好的平衡。

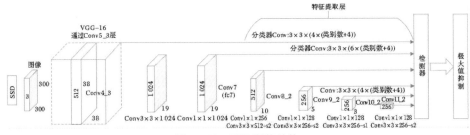

图 4-18 SSD 网络结构

SSD 系列与其他网络相结合,产生了一些变种。如 DSSD 使用 ResNet101 作为骨干网络以便提取更深层次的特征,同时增加了反卷积模块(deconvolutional module)将原始特征图与上采样后的特征图进行融合,并且在预测阶段引入残差单元优化分类和候选框回归。通过这些优化,DSSD 对小目标物体的检测效果大大提升,但速度上则逊于 SSD 算法。

FSSD 是基于 SSD 和 FPN 思想的结合,为了解决定位和识别的语义矛盾,需要将浅层的细节特征和高层的语义特征结合起来,具体做法是把各个层级的特征进行连接,然后融合特征生成特征金字塔。FSSD 在 MS-COCO 数据集上的 mAP 达到了 31.8%,稍弱于使用更优秀骨干网络 ResNet101 的 DSSD,但明显优于同样使用 VGGNet 的 Faster R-CNN,且在小目标上的检测效果是最优的。

3. CornerNet

针对 RCNN 系列、YOLO 系列和 SSD 系列等算法使用了锚框(Anchor)导致正、负样本不均衡,超参数(数量、大小、长宽比等)较多,计算复杂的问题,Law 等人提出了 CornerNet 算法。CornerNet 预测每个目标左上角点和右下角点的位置对边界框进行定位,替代传统 Anchor 与区域建议的检测方法,避免了 Anchor 导致的问题。CornerNet 网络结构如图 4-19 所示,模型以 Hourglass 作为主干网络,先由卷积和池化将特征图下采样到一个很小的尺度,之后再用 nearest neighbor upsampling 进行上采样,将特征图还原到最开始的尺度,对左上角点和右下角点进行预测,同时对偏移进行预测,微调角点位置产生更为紧密的边界框。CornerNet 的损失函数由三部分组成:Heatmaps 角点位置预测、1 个目标的 2 个角点 Embedding 关联和偏移量,利用预测的 Heatmap、Embedding 和偏移量,经后处理算法获得最终的边界框。同时 CornerNet 还采用了 Corner pooling,有助于更好地适应 Corner 的检测。

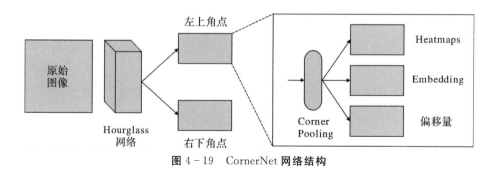

图 4 - 19 CornerNet 网络结构

但 CornerNet 的角点分组匹配过程耗时较长,达不到实时检测要求,并且存在角点匹配错误,易产生错误的边界框。

4. CenterNet

针对 CornerNet 导致的计算复杂、检测速度降低等问题,Duan 等人提出了 CenterNet 算法。CenterNet 将目标作为一个点,即边界框的中心点,它的网络比较简单,用 resnet50 提取图片特征,然后用反卷积模块对特征图进行上采样,最后用三个分支卷积网络来预测 Heatmaps、目标的宽高和目标的中心点坐标。相较于 CornerNet,无须对左上角点和右下角点进行分组匹配,也不存在 NMS 这类后处理,提高了检测速度。CenterNet 通过特征图上局部峰值点(local peaks)获取关键点,再通过关键点预测中心点,并回归出目标相关属性,最终实现目标检测。相较于传统检测算法多重特征图锚点操作,CenterNet 通过采用高分辨率的特征图进行输出,以省略上述操作,提高模型效率。除了检测任务外,CenterNet 还可以用于肢体识别或者 3D 目标检测等。

但 CenterNet 仍存在局限,由于采用边界框的中心点进行预测,导致当对多个目标下采样时,目标中心存在重叠情况,模型只能检测出单个目标。

4.2.4 基于 Transformer 的目标检测

Transformer 是自然语言处理(NLP)领域的常用深度学习模型,近年来计算机视觉和自然语言处理越来越收敛到一起,使用 Transformer 来完成视觉任务成为了一个新的研究方向。2020 年,Dosovitskiy 提出了 Vision Transformer 并用于图像分类,取得了显著的指标提升。同时也不断有学者将 Transformer 应用于目标检测、语义分割和图像恢复等领域,目前已出现了很多变种。在此仅简述 Carion 提出的 DETR 目标检测模型。

图 4-20 为 DETR 模型结构,DETR 打破了常规,将目标检测任务转化为一个序列预测(set prediction)的任务,使用 transformer 编码器-解码器结构和双边匹配方法,由输入图像直接得到预测结果序列。和主流的检测方法不同,没有使用区域建议(Faster R-CNN)、锚框(YOLO)或中心点(CenterNet),也没有烦琐的 NMS,而是直接预测检测框和类别,利用二分图匹配的匈牙利算法,将 CNN 和 transformer 巧妙地结合,实现目标检测任务。

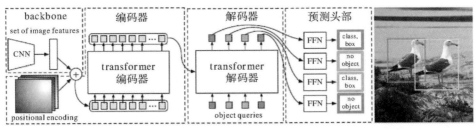

图 4-20　DETR 模型结构

DETR 网络由 CNN、transformer 编码器和解码器以及预测头部 FFN 组成。其中,CNN 网络起特征提取和降低分辨率的作用。transformer 编码器首先将输入的特征图降维并展成一维,然后和空间位置编码一起并行编码,得到一组预测目标序列。接着,将编码器得到的预测目标序列经过解码器,得到表示高层特征的输出序列。最后的 FFN 由 1 个具有 ReLU 的激活函数、3 层感知器和 1 个线性投影层构成,使用共享参数,预测标准化中心坐标,高度、宽度和类别标签。

DETR 框架比较简洁,其效果与 Faster R-CNN 不相上下,打破了目标检测的传统思想,减少了检测器对先验信息和后处理的依赖。

4.3　评价指标

基于深度学习的目标检测识别算法的评价指标主要有平均准确率(Average Precision,AP)、平均精度(mean Average Precision,mAP)与检测速度(Frames Per Second,FPS)。

1.混淆矩阵

混淆矩阵最初适用于二分类问题,其定义及对比见表 4-3。

表 4 - 3　混淆矩阵

标 签	预 测		
	正样本	负样本	合 计
正样本	TP	FN	TP+FN
负样本	FP	TN	FP+TN
合计	TP+FP	FN+TN	TP+FP+FN+TN

与表 4 - 3 中有关的概念如下所示。

(1)真正例(True Positive，TP)：正样本中正确预测的样本数。

(2)真负例(True Negative，TN)：负样本中正确预测的样本数。

(3)假正例(False Positive，FP)：负样本中错误预测的样本数。

(4)假负例(False Negative，FN)：正样本中错误预测的样本数。

(5)正确率(Accuracy Rate)：(TP+TN)/(TP+FP+FN+TN)，表示全部正确预测的结果占全部结果的比例。

(6)错误率(Error Rate)：(FN+FP)/(TP+FP+FN+TN)，表示全部错误预测的结果占全部结果的比例。

(7)召回率(Recall Rate)：TP/(TP+FN)，表示所有标签为正样本中有多少被预测为正样本的比例，也被称为真正例率(True Positive Rate，TPR)。反之，假正例率(False Positive Rate，FPR)是 FP/(FP+TN)，表示为所有标签为负样本中有多少被预测为正样本的比例。

(8)准确率(Precision)：TP/(TP+FP)，表示所有预测为正样本中标签为正样本所占的比例。

检测任务中最重要的指标是召回率与准确率，在优化过程中，需要在两者之间折中取舍。如果预测所有样本都为正样本，没有假负例与真负例，则可以得到完美的召回率，但是会得到很高的假正例，导致准确率很低。反之，如果只预测一个概率最大的样本为正样本(假设该样本为实际正样本)，其他都为负样本，那么会得到完美的准确率，但召回率很低。

2. 交并比

交并比(IoU)计算的是算法“预测区域”和目标“真实区域”的交集面积和并集面积的比值，如图 4 - 21 所示。交并比代表了目标检测中对于目标空间特征预测的准确程度，好的预测结果拥有较高的交并比。

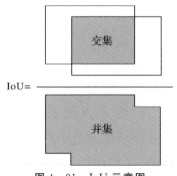

图 4 - 21 IoU 示意图

当预测框与标签框完全重叠时,IoU 的值为 1,其他情况下 IoU 的值都小于 1。在实际使用中,通常以 0.5 作为 IoU 的阈值,即当 IoU>0.5 时,表示目标被检测到,其余情况则为目标未检出。

3.P-R 曲线、AP 及 mAP

在目标检测识别任务中,模型对于每一个类别的评判需要兼顾召回率与准确率。因此,需要同时查看两者所有可能的阈值以便进行取舍,这可以通过 P-R曲线(Precision-Recall curve)来实现。图 4 - 22 为 P-R 曲线示意图。右上角的点表示同一个阈值下,召回率与准确率都很高。从左上角开始,对应的阈值很低,表示将所有的样本预测为正样本。随着阈值的增加,准确率逐渐升高,但召回率逐渐下降。当阈值升高到一定程度时,准确率很高,但对应的召回率很低。因此,好的模型在保持较高的准确率时,同样也有较高的召回率。因此曲线越靠近右上角,表示模型的性能越好。

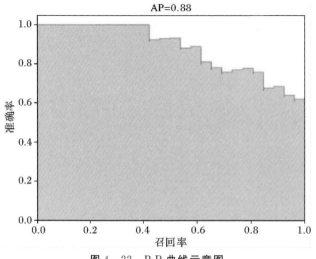

图 4 - 22 P-R 曲线示意图

同时,可以通过计算 P-R 曲线下的面积来表示对于某一类样本识别的好坏,该面积称为平均准确率,即 AP 值。而 mAP 则是对所有类别的 AP 值求平均的结果,如下式所示:

$$mAP = \frac{\sum_{n=1}^{N} AP(n)}{N} \qquad (4-7)$$

在实际的目标检测任务中,可以逐个统计出这些评价指标。对于每一个类别,首先设定 IoU 阈值,当模型预测结果与标签框的 IoU 大于阈值时,记为检测到目标,不同的准确率阈值会得到不同的召回率,从而可绘出对应类别的 P-R曲线,计算出对应的 AP 值。最后,将所有类别的 AP 值取平均得到该模型的 mAP 值。

4. 检测速度

一般情况下,计算复杂的模型精度较高,而速度较慢。实际应用中,计算复杂度和内存开销是有限的,因此必须兼顾精度和速度。考察模型的检测速度时常选用 FPS (Frames Per Second)作为评价指标,表示算法每秒能够处理图片的张数,数值越高越好。

4.4 小   结

本章主要介绍了经典的目标检测算法,包括基于人工设计特征的传统目标检测算法和基于深度学习的目标检测算法。此外,还介绍了基于深度学习的目标检测识别算法的主要评价指标。目前,更多高性能、高效率的目标检测方法仍然在不断涌现,但本章介绍的这几种方法在不同程度和不同方向上开拓了卷积神经网络在目标检测任务上的新方向。

第 5 章　基于改进 YOLO_v3-spp 的无人机图像目标检测方法

　　无人侦察机可根据任务要求,安装不同类型的任务载荷(可见光/红外、高光谱、SAR 雷达等成像系统),对预定区域展开高空侦察,为部队实施作战行动提供实时情报保障。凭借高分辨率成像设备拍摄清晰的地面影像,通过高空视角实现对地面目标多角度、立体化的检测、识别、跟踪,并通过实时信息传输系统将检测到的目标信息回传给地面控制站做进一步作战分析。因此,对无人机图像的目标检测具有重要的战略意义。

　　当前,无人侦察机仍采用传统的人工锁定目标(提取特征),而后实施跟踪的模式,无法实现自动检测、多目标检测等功能,无法满足现代战争对情报保障的要求。

　　现阶段,基于计算机视觉的目标检测技术正蓬勃发展。但大多数研究领域都是针对地面拍摄视角,这类影像往往具有拍摄距离近、目标视场小、目标在图像中的占比大、目标的特征丰富等特点。而无人侦察机其飞行高度在 3 km 左右,即使采用了变焦技术,其所拍摄的视场往往也是比较大的,这就导致当对地面特定目标(如装甲目标、小型碉堡、工事等)进行搜索时,目标在视场中所占的像素比例较小。同时无人机成像设备在拍摄时会受到低空的云层、雾霾的遮挡,飞行时无人机振动又会导致成像设备平台处于抖动状态,造成最终的成像结果清晰度较差,并且存在运动模糊等。军事目标通常会进行一定的伪装涂装,使得目标与背景的色彩对比度不明显。另外,无人机拍摄的图像都是顶视图,而目标的顶部特征相对于地面视角所包含的特征信息相对较少。因此,最终获取的图像质量相对常规图像而言,具有成像质量差、目标占比小、对比度不明显、关键特征少等特点。

　　针对侦察图像的上述特点,本章提出基于改进的 YOLO_v3-spp 目标检测算法,并在此基础上引入异常检测的思想,剔除误检目标,提高目标检测精度。

5.1　YOLO_v3-spp 检测网络

　　YOLO_v3-spp 网络的具体结构如图 5-1 所示,网络使用 DarkNet-53 对输入图像的特征进行提取,整个结构里没有全连接层。当图像在前向传播时,输出特征的尺寸压缩是通过改变卷积操作的步长(stride)来实现的。

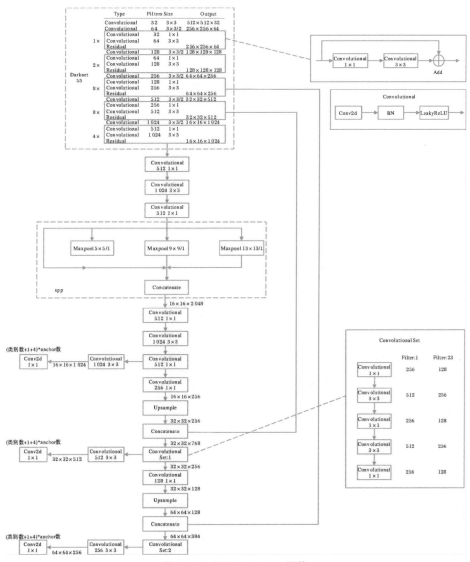

图 5-1　YOLO_v3-spp 网络

前向传播过程中,张量的尺寸变换通过改变 stride 实现,例如 stride=(2,2),这相当于将图像边长缩小了一半。另外在 DarkNet-53 中由于引入了 residual 结构,训练深层网络难度大大减小,同时检测精度也有了明显的提升。Convolitional 模块为检测模型的基本组件,其组成结构为 Conv2d+BN+Leaky relu。网络中的空间金字塔池化结构(Spatial Pyramid Pooling,SPP)由 4 个并行的分支在深度上拼接(concatenate)构成,分别是 kernel size 为 $5\times5,9\times9,13\times13$ 的最大池化和一个跳跃连接。

特征图经过局部特征与全局特征融合之后,丰富了特征图的表达能力,更有利于检测图像中尺度变化较大的目标,尤其是对于复杂的多目标检测,对检测精度有很大的提升。

该网络结构中,损失函数定义为

$$\text{Loss} = \lambda_{\text{coord}} \sum_{i=0}^{S^2} \sum_{j=0}^{B} I_{ij}^{\text{obj}} \left[(x_i - \hat{x}_i^j)^2 + (y_i - \hat{y}_i^j)^2 \right] +$$

$$\lambda_{\text{coord}} \sum_{i=0}^{S^2} \sum_{j=0}^{B} I_{ij}^{\text{obj}} \left[(\sqrt{w_i^j} - \sqrt{\hat{w}_i^j})^2 + (\sqrt{h_i^j} - \sqrt{\hat{h}_i^j})^2 \right] -$$

$$\sum_{i=0}^{S^2} \sum_{j=0}^{B} I_{ij}^{\text{obj}} \left[\hat{C}_i^j \ln(C_i^j) + (1 - \hat{C}_i^j) \ln(1 - C_i^j) \right] -$$

$$\lambda_{\text{noobj}} \sum_{i=0}^{S^2} \sum_{j=0}^{B} I_{ij}^{\text{noobj}} \left[\hat{C}_i^j \ln(C_i^j) + (1 - \hat{C}_i^j) \ln(1 - C_i^j) \right] -$$

$$\sum_{i=0}^{S^2} I_{ij}^{\text{obj}} \sum_{c \in \text{classes}} \left\{ \left[\hat{P}_i^j \ln(P_i^j) + (1 - \hat{P}_i^j) \ln(1 - P_i^j) \right] \right\} \qquad (5-1)$$

式中:I_{ij}^{obj} 表示第 i 个网格的第 j 个(后续简写为 ij)锚框(anchor box)是否负责这个 object,如果负责那么 $I_{ij}^{\text{obj}}=1$,第 i 个网格的第 j 个 anchor box 中与该对象的 ground truth box 的 IoU 中最大,那它就负责预测这个对象,因为这个形状、尺寸最符合当前这个对象,此时 $I_{ij}^{\text{obj}}=1$;I_{ij}^{noobj} 表示 i 个网格的第 j 个 anchor box 不负责该目标;$\hat{C}_i^j$ 表示参数置信度,$\hat{C}_i^j$ 的取值是由 grid cell 的 bounding box 有没有负责预测某个对象决定的,如果负责,那么 $\hat{C}_i^j=1$,否则,$\hat{C}_i^j=0$。

网络中的损失函数主要由以下四部分组成。

(1)中心坐标误差:

$$\sum_{i=0}^{S^2} \sum_{j=0}^{B} I_{ij}^{\text{obj}} \left[(x_i - \hat{x}_i^j)^2 + (y_i - \hat{y}_i^j)^2 \right] \qquad (5-2)$$

该部分是指:当第 ij 个锚框负责某一个真实目标时,那这个锚框对应的预测边界框和真实目标的 GTbox 去比较,计算得到的中心坐标误差,用来约束预测框与真实框中心对齐。

（2）宽高坐标误差：

$$\sum_{i=0}^{S^2} \sum_{j=0}^{B} I_{ij}^{\text{obj}} \left[(\sqrt{w_i^j} - \sqrt{\hat{w}_i^j})^2 + (\sqrt{h_i^j} - \sqrt{\hat{h}_i^j})^2 \right] \tag{5-3}$$

该部分是指：当第 ij 个锚框负责某一个真实目标时，那么这个锚框对应的预测边界框和真实目标的 GTbox 去比较，计算得到对应的宽和高的误差，用来约束预测框与真实框大小尽量保持一致。

（3）置信度误差：

$$-\sum_{i=0}^{S^2} \sum_{j=0}^{B} I_{ij}^{\text{obj}} \left[\hat{C}_i^j \ln(C_i^j) + (1 - \hat{C}_i^j) \ln(1 - C_i^j) \right] -$$

$$\lambda_{\text{noobj}} \sum_{i=0}^{S^2} \sum_{j=0}^{B} I_{ij}^{\text{noobj}} \left[\hat{C}_i^j \ln(C_i^j) + (1 - \hat{C}_i^j) \ln(1 - C_i^j) \right] \tag{5-4}$$

该部分损失函数又可以细分为两种情况：① 存在对象的边界框的置信度误差，即带有 I_{ij}^{obj} 意味着只有"负责"（IoU 比较大）预测的那个边界框的置信度才会计入误差；② 不存在对象的边界框的置信度误差，理想情况下，该部分应当输出尽可能接近于 0 的置信度。该项用来约束边界框的置信度尽可能准确，即达到正确的对象概率最好是 1，所有其他对象的概率最好是 0。

（4）分类误差：

$$-\sum_{i=0}^{S^2} I_{ij}^{\text{obj}} \sum_{c \in \text{classes}} \left\{ \left[\hat{P}_i^j \ln(P_i^j) + (1 - \hat{P}_i^j) \ln(1 - P_i^j) \right] \right\} \tag{5-5}$$

分类误差选择了交叉熵作为损失函数，当锚框负责某一个真实目标时，那么这个锚框所产生的边界框就需要根据预测的不同类别的概率结合真实标签去计算分类损失函数，用来约束对预测框中的目标分类尽可能准确。

5.2 基于改进 YOLO_v3-spp 的图像目标检测技术

无人侦察机进行侦察时，需要快速检测在视场中是否存在军事目标，因此要求检测算法必须具备实时性。基于该要求，考虑使用 YOLO_v3-spp 网络作为无人机侦察图像的基础检测框架，在实际使用过程中，由于侦察图像成像质量差、目标占比小、对比度不明显、关键特征少的特点，以及无人机成像时使用变焦功能使得目标的大小尺度发生巨大变化，单使用 YOLO_v3-spp 检测网络的检测效果并不能满足军事应用的需求，经常出现小目标的漏检问题。在实际应用过程中发现，通过修改网络模型，融合多层特征可以进一步解决镜头变焦距所带来的目标多尺度问题,大大降低目标的漏检率。但是在解决漏检问题以后发现,在战场背景下,军事目标的伪装颜色与背景通常比较接近,前景与背景的对比度不突出,经常将一些地面非军事目标或背景误判为军事目标,产生了一系列的误判问题。为了解决网络的误判问题,本节在检测网络中又增加对 YOLO_v3-spp 网络输出目标的异常检测网络,该网络会进一步判定输出的检测结果含有待检测目标的概况,通过设置合理阈值,对输出的检测结果二次筛选,最终降低无人机侦察图像目标检测时的误检概率,满足实际应用需求。

5.2.1 模型训练

航拍数据集的数据背景较为复杂,目标在整张图像中所占的比例较小,一张航拍图像中可能含有几十个稠密目标。而且由于图像样本的特殊性,基本没有公开的含有大量军事目标的侦察图像数据集。因此,本节首先考虑在 DOTA 数据集上对 YOLO_v3-spp 检测算法进行训练及验证。由于 DOTA 数据集的图像分辨率(4k)较高,在训练前首先对图像进行了大小的裁剪,从而提升图像的读取和写入速度,便于模型快速迭代。为了提升最终算法的鲁棒性和推广泛化能力,本节将采用一些常见的数据增强的处理手段对训练样本进行数量扩充,包括常见的镜像、缩放、旋转等策略。

实验用设备为超微工作站、GeForce RTX 2080Ti GPU、20 核 intel Xeon E5-2630v4 CPU。

YOLO_v3-spp 在 DOTA 数据集上经过训练后,在验证集上的验证结果为 mAP@0.5 达到了 68.84%,mAP@0.5:0.95 达到了 43.23%。

在得到收敛模型以后,笔者在自建的小样本军事目标数据集上进行了迁移学习,共搜集了约 2k 张包含军事装甲目标的航拍图像,主要取自军用无人侦察机、大疆无人机及军事仿真软件平台上所获取的图像,并且使用开源的标注工具(labelme)对目标进行了标注,并将标注好的图像按照 4:1 的比例划分为训练集和验证集。图像库中的部分图像如图 5-2 所示。

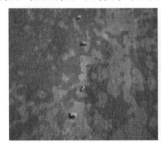

图 5-2 构建的军事目标数据集

在构建好的数据集上,笔者进行了对目标的迁移学习,经过多轮迭代,模型收敛以后,在测试集上进行了测试。测试发现,当无人侦察机上成像设备的焦距发生大的变化时,很容易导致目标的丢失,即当目标发生多尺度变化时,存在漏检的行为,如图 5-3 所示。

(a) (b)

图 5-3　目标多尺度时的漏检问题

(a)目标占比较大时;(b)目标占比较小时

另外,由于战场环境的特殊性,在实际测试时发现,检测网络还存在一定的误判概率,即将非军事目标或地貌背景等误判为军事目标,如图 5-4 所示。以上情况对作战指挥、侦察等均会产生严重的不良影响,因此必须采取一定的措施解决上述问题。

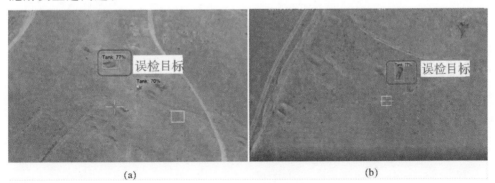

(a) (b)

图 5-4　误检问题

5.2.2　基于 YOLO_v3-spp 的改进网络

为了解决漏检及误判的问题,本节在原网络结构上针对无人侦察机图像的特点进行相应的改进。

一是为了提高目标多尺度检测的准确度,在网络结构上选择了更多特征尺度上的信息的融合,如图 5-5 虚线箭头部分所示,使得网络在检测时可以提取到更多尺度信息。

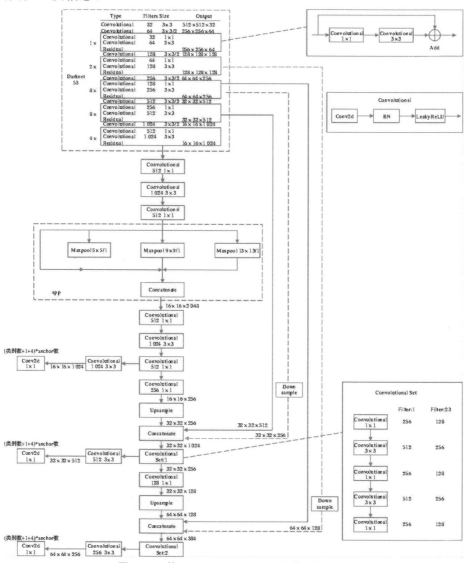

图 5 - 5 　基于 YOLO_v3-spp 改进的网络结构

　　另外,在损失函数部分,本节修改了 YOLO_v3-spp 中采用 IoU 计算边界框损失的方法,将其替换为 CIoU 的损失计算方法。

　　IoU 的公式为

$$IoU = \frac{S_交}{S_并} \tag{5-6}$$

式中:$S_交$ 为预测框和真实框之间的重叠区域;$S_并$ 为预测框和实际框所占有的

总区域。

然而,仅利用重叠面积来判断真实框与预测框的偏差并不准确,往往还需要考虑框之间的中心点距离、长宽比等信息。因此这里选用了 CIoU 计算边界损失。

CIoU 的表达式为

$$\text{CIoU} = 1 - \text{IoU} + \frac{\rho^2(b, b^{\text{gt}})}{c^2} + av \qquad (5-7)$$

式中:b、b^{gt} 分别代表预测边界框和目标框的中心点;ρ 代表计算预测框与真实框的中心点间的欧式距离;c 代表能够同时覆盖两个框的最小矩形的对角线距离,如图 5-6 所示。

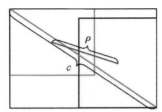

图 5-6　式(5-7)中 c、ρ 含义示意图

参数 v 和 α 的表达式为

$$v = \frac{4}{\pi^2} \left(\arctan \frac{w^{\text{gt}}}{h^{\text{gt}}} - \arctan \frac{w}{h} \right)^2 \qquad (5-8)$$

$$\alpha = \frac{v}{(1 - \text{IoU}) + v} \qquad (5-9)$$

式中:v 用来衡量 anchor 框和目标框之间的比例一致性;α 用于平衡比例的参数。

二是为了解决检测过程中的误判问题,在检测网络输出前增加了异常检测网络模块,通过预先训练网络的模型,对检测网络输出的结果进行二次判定,判断其是否属于检测目标或背景,经过阈值筛选,大大降低网络的误判率。

异常检测(Anomaly Detection,AD)是一种识别离群点与挖掘非逻辑数据的学习范式,一直是机器学习中一个非常重要的子分支。在深度学习推广之前,传统的异常检测算法倾向于用高斯拟合、矩阵因子分解等手段找出异常点。

早期基于深度学习的异常检测(deep AD)使用自动编码器在标称数据集上训练,基于这样的假设,自动编码器不能很好地重建异常样本。因此重构误差即像素的差异,可以用作异常分数作为异常样本的解释。近期的工作将注意力加入重建模型中,以作为解释性。在视频领域,Sabokrou 等人使用了预训练的全卷积架构结合稀疏自动编码器来提取二维特征,并提供异常定位的边界框。这种方法的一个缺点是在训练中使用了非自然的手段来整合已知的异常情况。

单类分类近年来受到了广泛的关注。传统上认为这是一个表征学习问题，最早的单类分类方法是利用主成分分析（PCA）及其核扩展来寻找最能描述给定概念的子空间。随着神经网络和深度学习的出现，使用自动编码器网络寻找类似的映射。

最近，人们提出了 deep AD 的一类分类方法。这些方法试图以一种无监督的方式从异常中分离标称样本，将标称数据集中在特征空间，同时将异常映射到更远的距离。在自然语言处理领域，DSVDD 通过注意力机制产生一种解释形式，已成功应用于文本。对于图像，考夫曼等人使用了深度泰勒分解来创建相关性得分。到目前为止，该方法仅应用于核函数 OC-SVM，尚未扩展到深度学习方法。

一些表现最好的 deep AD 方法是基于自监督的。这些方法对标称样本进行变换，训练一个网络来预测用于输入的是何种变换，并通过预测的置信度给出异常分数。Hendrycks 等人也扩展了异常范围，将已知的异常也纳入其中。

针对检测中出现的误检现象，本节尝试引入深度单类异常检测，剔除误检样本，提高检测率。

深度单类分类通过学习神经网络映射输出空间中心 c 附近的标称样本来进行异常检测，从而导致异常被映射出去。这里使用超球面分类器（HSC）为损失函数：

$$
\begin{aligned}
L = \min_{\omega} \frac{1}{n} \sum_{i=1}^{n} (1 - y_i) h(\phi(X_i; \omega) - \boldsymbol{c}) - \\
y_i \ln(1 - \exp(-h(\phi(X_i; \omega) - \boldsymbol{c})))
\end{aligned}
\tag{5-10}
$$

式中：X_i 为第 i 个样本；y_i 为对应的标签，$y_i = 0$ 表示正常样本，$y_i = 1$ 为异常；$\boldsymbol{c} \in \mathbf{R}^d$ 为预先设定的中心，这里简单地置零；$\phi(\cdot): \mathbf{R}^{c \times h \times w} \rightarrow \mathbf{R}^d$ 为 CNN，权值为 ω、c、h、w 分别为输入图像的通道数、高、宽，d 为输出特征向量的维度。

$$
h(\boldsymbol{a}) = \sqrt{\|\boldsymbol{a}\|_2^2 + 1} - 1
\tag{5-11}
$$

当输入正常样本时，损失函数第二项为零，$\phi(\cdot)$ 倾向于将其映射到 c 附近，从而使第一项趋于 0；当输入异常样本时，损失函数第一项为零，$\phi(\cdot)$ 倾向于将其映射到远离 c，$h(\boldsymbol{a}) \rightarrow \infty$，从而使第二项趋于 0。

设计的异常检测网络 $\phi(\cdot)$ 结构如图 5-7(a)所示，输入图像经过一层 7×7 的卷积层，进入以 ResNet50 为主干网的卷积层，得到特征。其中，ResBlock

模块结构如图 5-7(b)所示,C 表示通道数。训练时,通过标签计算损失,并以梯度下降更新网络参数。

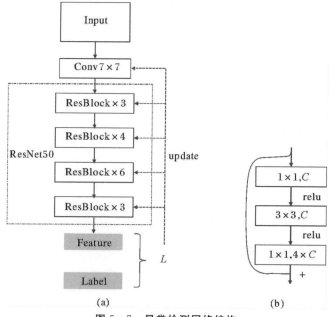

图 5-7　异常检测网络结构

　　训练的正样本为数据集标注的军事目标子图,负样本包含两部分:数据集中人工选取的背景子图,以及在外部航拍数据集中随机采样的子图,保证正、负样本数量均衡。使用 SGD 作为优化算法,批量为 512,进行了 40 轮训练。结束后,由于 $h(\cdot)$ 预测越大,表示负例的可能性越大,但判断的阈值并未确定,因此需对预测的正、负样本阈值进行遍历,选取使判断正确率最小的阈值 thresh。测试时,当对样本的预测大于 thresh 时,则认为是误检,并在最终结果中去除。

　　在改进的 YOLO_v3-spp 网络后加入 AD 检测模块,检测网络的结构如图 5-8 所示。网络工作过程为,输入图像经过改进的 YOLO_v3-spp 网络后,输出检测到的输入图片的目标信息及边界框信息,该信息送入异常检测网络后,网络根据标注的边界框信息,提取出目标区域,对该区域进行特征提取,并计算出异常得分,算出得分后与选定的阈值进行对比,如果得分大于阈值,就证明该边界框中包围的是背景而非目标,如果得分小于阈值,就证明该边界框内确为检测目标,经过全部判定以后,最终输出检测结果。

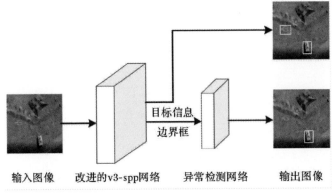

输入图像　　改进的v3-spp网络　　异常检测网络　　输出图像

图 5 - 8　加入 AD 检测模块后的网络结构

5.3　测试结果与分析

　　测试环境同 5.2.1 节。对于新的网络结构,首先训练网络中的异常检测网络,因此需要构建针对该网络的训练集。训练集区分正、负样本,正样本根据 DOTA 数据集中的标注信息,截取了约 20 000 张目标实例样本做正样本,同时截取 20 000 张背景做负样本,经过 40 轮的训练,获得了收敛的网络模型。在验证集上的测试结果表明,当阈值取 0.81 时,异常检测网络的判定准确度最高(90.833%)。

　　在异常检测网络的阈值确定后,依然采用现有的 DOTA 数据集训练 YOLO_v3-spp 的网络权重。预训练的验证结果如图 5 - 9 所示。

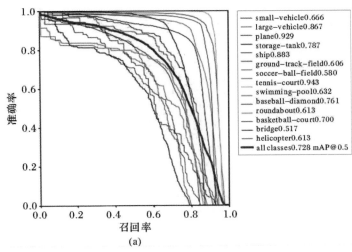

图 5 - 9　DOTA 数据集下的训练结果

(a)不同类别的准确率-召回率曲线

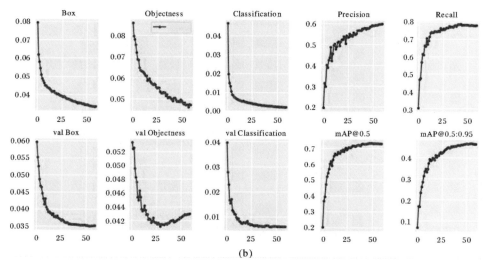

(b)

续图 5-9　DOTA 数据集下的训练结果

(b)损失及 mAP 曲线

检测结果对比见表 5-1。在采用改进的网络结构后,可以对比发现检测的 mAP 相对于原始算法有了一定的提升。

表 5-1　DOTA 数据集下的检测结果对比

检测算法	mAP@0.5/(%)	mAP@0.5:0.95/(%)
YOLO_v3-spp	68.84	43.23
本节方法	72.83	46.44

接着,在此模型基础上同样进行了迁移,在军事数据集上进行了迁移训练。根据最终的检测结果(见图 5-10 和图 5-11)可以看到,与原算法(见图 5-3 和图 5-4)相比,在采用改进的检测算法后,一定程度上解决了无人侦察机图像的目标漏检及误检的问题。

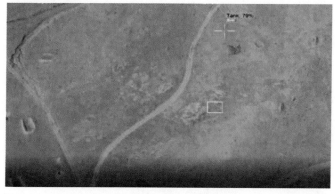

图 5-10　解决目标多尺度时的漏检问题[与图 5-3(b)相同场景]

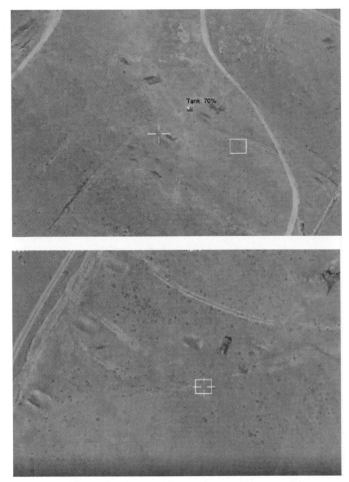

图 5-11 解决复杂环境下的误检问题(与图 5-4 相同场景)

5.4 小 结

　　本章针对无人侦察机图像的特点,在 YOLO_v3-spp 网络的基础上进行了改进,主要包括多级特征融合、损失函数,在检测网络后增加异常检测网络进行二次筛查等。经过改进后,在公开 DOTA 数据集上进行验证,对比结果发现,检测的算法的 mAP 较原有算法有了一定提高。

第6章 基于无人机图像的旋转目标检测方法

6.1 旋转目标检测简述

在自然场景中,特别是在无人机拍摄的图像中,待检测的物体往往并不是按照人们所期望的那样,呈水平角度分布,而是以任意方向分布在图像中。特别是当物体之间紧密排列的时候,如果仅仅使用水平的检测框,那么每个检测框中还会包含其他物体的一部分,水平框相互间的 IoU 值较高,在 NMS 过程中很容易被抑制掉,如图 6-1 所示。那么这个时候就需要一个有旋转角度、能够将物体完全包络起来的框,如图 6-2 所示,在无人机图像中,旋转框是比水平框更好的选择。

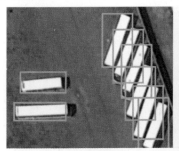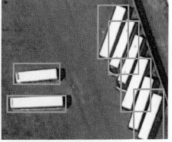

图 6-1　水平框在检测中的弊端

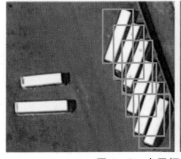

图 6-2　水平框和检测框的对比

最直观的选择是在原先水平框的属性上加一个角度信息,但是在标签生成的时候,便会面临如何表示旋转框这一问题,因为如果把不同的边作为高和宽时,计算出来的角度便会发生变化。现如今在旋转框的表示方法中,大致分为3个流派:opencv 表示法、长边表示法、有序四边形表示法。不同的表示方法都存在相应的边界问题:对于第一种,由于角度的周期性和边的交换性,导致模型必须以更复杂的形式回归,增加了回归的难度;对于第三种,经过点的排序后,理想的回归方式往往与实际的回归方式大有不同,同样也增加了回归的难度;对于第二种,这种表示方法的损失只源于角度的周期性。

以上 3 种问题都是因为理想的预测结果超出了我们所定义的范围,导致出现边界问题,即产生了一个较大的损失值。而由于大长宽比的目标对于角度的变化是非常敏感的,所以研究边界问题是比较有意义的。

为了实现旋转框的精确定位和分类,近年来提出了很多针对性的检测器,以多种不同的立意和方法来解决检测中出现的一些问题。R2CNN 以 Faster R-CNN 为框架,用矩形的左上角点、顺时针方向的第二个点以及矩形的高来表示矩形框,并且通过增加小尺度的 anchor 来实现对小目标漏检的优化,考虑到纵横比过大的物体,在原有的 ROI Pooling 基础上增加了两种纵横比较大的 pooled size,然后将三种 ROI Pooling 的结果 concatenate 在一起,随后进行正框预测和斜框预测、分类预测,并且运用了斜框的 NMS 方法再进行处理,最后得到结果,实验也证明在检测斜框的同时去检测正框可以改善斜框的检测效果,而在 loss 的设计上也是在第二阶段增加了斜框的回归损失;RRPN 同样源自于 Faster R-CNN,标注框的表示采用的是长边表示法,同时将角度限定在[−π/4,3π/4]之间,并且设置了 6 种不同角度、3 种不同比例、3 种不同尺度共计 54 个 anchor,针对 RPN 提出了 Rotated RPN 来学习到旋转角度的 proposal,从而设计了旋转框的 IoU 的计算方法,最后用 Rotated ROI Pooling Layer 送入网络的 head 部分来得到检测结果;DRBox 将输入图像经过多层卷积网络以生成检测结果,最后一个卷积层用于预测,其他卷积层用于特征提取,预测层包括 K 个通道,其中 K 是每个像素位置中预选框的数量,预选框是一系列预定义的定向框,对于每个预选框,预测层将输出一个表示其是否为目标对象或背景的置信度预测向量以及一个 5 维向量,该向量为预测目标定向框之间的参数偏移量和相应的预选框,需要进行解码处理才能将偏移量转换为准确的预测定向框,最后对预测的定向框进行置信度排序,并通过 NMS 删除重复的预测;R3Det 设计了 Feature Refinement Module 来解决边界框位置变化产生的特征偏移,实现特征对齐;ROI-Transformer 认为旋转 anchor 在匹配中存在缺点,用 RROI

Learner 模块从水平 ROI 的特征图中学习旋转的 ROI,随后用 Rotated Position Sensitive ROI Align 模块从 RROI 中提取旋转不变特征,用于后续物体分类和位置回归。除此之外,还有很多优良的检测器,对无人机图像存在的各种问题进行了相应的解决。

然而,现有的方法往往是针对公共的数据集所提出来的,实际场景所面对的情况更为复杂,所要处理的问题也更加严峻,因此必须不断优化网络结构、匹配策略、后续算法来实现更加优良的结果。

6.2 基于无人机图像的目标检测网络框架

基于无人机图像的目标检测网络框架和普通场景的网络框架大同小异,即便少许检测器有所调整,但基本的脉络也大致相似。从最开始的神经网络到现在深度更深、模块更多的目标检测深度学习神经网络,如今大致可以分为 Two-Stage Detector (典型的为 RCNN 系列)和 One-Stage Detector(典型的为 YO-LO 系列),每个网络可以细分为如图 6 - 3 所示结构。

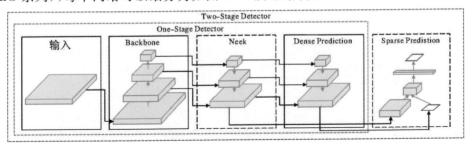

图 6 - 3 目标检测网络结构

其中输入包括图像、图像金字塔等;Backbone 用于提取图片的特征图,常用的有 VGG16、ResNet-50、SpineNet、EfficientNet-B0/B7、CSPResNetXt50、CSPDarknet53 等;Neck 包括一些额外模块(如 SPP、ASPP、RFB、SAM 等)以及一些融合模块(如 FPN、PAN、NAS-FPN、Full-connected FPN、BiFPN、AS-FF、SFAM 等);Head 部分则分为一阶段的 Dense Prediction 和二阶段的 Sparse Prediction 两种。

在目标检测的历史中,传统的目标检测方法曾一度陷入瓶颈,但是随着 RCNN 算法的提出,基于深度学习的目标检测发展了起来。RCNN 先使用 Selective Search 算法对一张图像生成一系列候选区域,随后将这些候选区域尺寸归一化后送进神经网络提取特征,然后用 SVM 对每一类目标进行判别,最后进行位置精修。之后的 Fast R-CNN 和 Faster R-CNN 更是在 R-CNN 的基础上优化实现更快、更优的检测性能。然而,二阶段的算法在检测速度上仍然存在着不足,因此出现了一阶段的 SSD 算法和 YOLO 算法,这些算法在牺牲了一些精度的情况下实现了更高的 FPS。

无论是一阶段还是二阶段的算法,人们都在其基础上添加了一些更适用于检测无人机图像中旋转目标的模块和方法,比如 S2A-Net 的 FAM 模块和 ODM 模块、ROI Transformer 中的 RRoI Align 方法等。而基于检测速度和精度的需求,本节将使用一阶段的检测器 YOLO_v5 来进行算法对比和测试分析,数据集方面则采用公共数据集 DOTA v-1.5 版本。

DOTA 是一个用于航空图像目标检测的大规模数据集,该数据集可用于航空图像目标探测器的研制和评价。这些图像是从不同的传感器和平台上收集的。每个图像的大小范围在 800×800 到 20 000×20 000 像素之间,包含了各种各样的比例、方向和形状的物体,标注的样例如图 6-4 所示。DOTA 图像中的实例由专家用任意四边形来标注。本节的实验采用 DOTA v-1.5,其中包含 16 个类别,为了方便对比,实验选取了特征明显数量较多的 plane 类别、目标较小难以识别的 small-vehicle 类别、纵横比较大的 large-vehicle 类别、数量较少的 helicopter 类别这四类来进行分析对比实验。

图 6-4　DOTA 数据集标注样例

本节实验采用的 YOLO_v5 检测器,共计有 YOLO_v5s、YOLO_v5m、YO-LO_v5l、YOLO_v5x 这四种规模依次递增的网络结构,本节实验采用深度中等的 YOLO_v5m 结构对 DOTA v-1.5 中的四类进行检测。图 6 - 5 为 YOLO_v5 的网络框架,可以看出,还是分为输入端、Backbone、Neck、Head 四个部分。输入端包括 Mosaic 数据增强、自适应锚框计算、自适应图片缩放;Backbone 由 Focus 结构、Bottleneck CSP 结构、SPP 结构组成;Neck 部分是在 FPN 基础上所延伸的 PANet 结构;Head 部分负责检测目标。

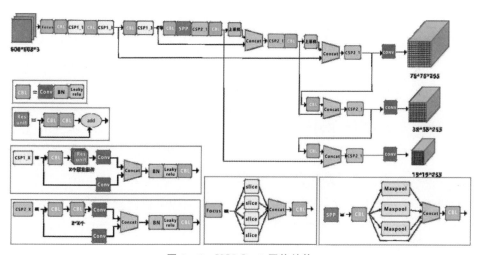

图 6 - 5 YOLO_v5 网络结构

如图 6 - 5 所示,YOLO_v5 的 Head 部分具有三个不同尺度的检测层,它们的 stride 分别为 8、16、32,它所能检测的物体尺寸范围对普通场景中的物体来说绰绰有余,但是由于无人机图像的小尺度目标较多,原本的网络结构已经不再适用,这些小尺度目标往往无法被检测出来,因此本节实验在原有的网络框架中加入了一个小尺度的检测层,为此修改了 YOLO_v5 预设的网络配置文件,增加了一组预设的小尺度 anchor,使其更适应于增加的小尺度检测层,除此之外增加了几个操作层来达到适应小目标检测的目的。

本节中的实验分别采用三个尺度的检测层和四个尺度的检测层对 DOTA v-1.5 中的 helicopter、large-vehicle、plane、small-vehicle 进行检测,采用不同的检测层(网络结构)的检测效果对比见表 6 - 1。

表 6-1　两种网络结构的检测效果对比

	helicopter	large-vehicle	plane	small-vehicle
实际物体数	78	5 139	2 550	43 337
三个检测层的检测数	127	6 035	2 809	43 007
四个检测层的检测数	165	6 396	2 884	47 779

两种网络结构下四类物体的 AP 值见表 6-2。

表 6-2　两种网络结构的 AP 值对比

	helicopter	large-vehicle	plane	small-vehicle
三个检测层的 AP 值	53.305	75.733	95.577	57.805
四个检测层的 AP 值	44.729	75.62	95.343	60.484

由表 6-1 和表 6-2 可以看出,添加针对小目标的检测层可以检测出更多的目标,并且对 small-vehicle 这一类精度的提升是很明显的。因此可以更适应于目标较小的无人机图像数据集。

图 6-6 和图 6-7 分别表示在三个检测层和四个检测层的情况下,检测出的四类目标的置信度分布图和 P-R 曲线。由图 6-7 可以看出,plane、large-vehicle、small-vehicle 这三类的召回率都有所提升,在观察了检测结果的可视化图像后,可以明显观察到增加的检测层对小尺度目标的检测起到有效的改善效果。

图 6-8 和图 6-9 的左边部分代表原图标注的信息,中间部分代表未加额外检测层的检测信息,右边部分代表加了额外检测层的检测信息,两者分别是 plane 和 small-vehicle,从两幅图可以看出,对于尺寸极小的目标,无论是 plane 还是 small-vehicle,加了额外检测层的 YOLO_v5 可以将未加额外检测层的 YOLO_v5 未检测出来的目标检测出来,而相对于 small-vehicle 这类目标来说,plane 类中的极小目标相对较少,因此对精度的影响较小,而 small-vehicle 中的极小目标较多,因此在评估的数据集中,这一类的精度能够得到较高的提升。

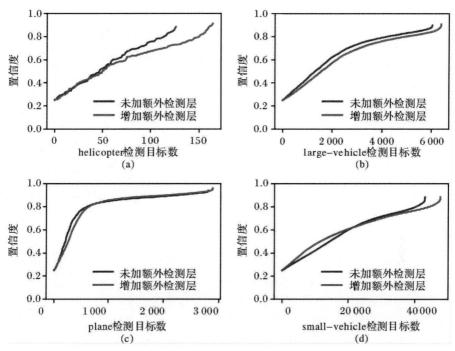

图 6-6　两种网络结构下检测出物体的置信度

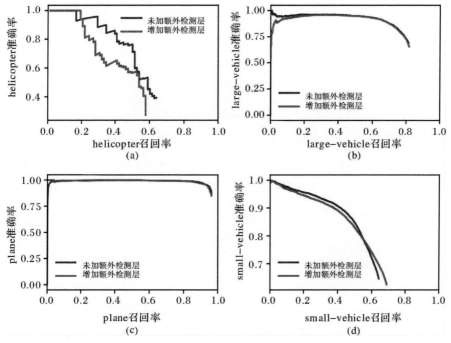

图 6-7　两种网络结构下物体的 P-R 曲线

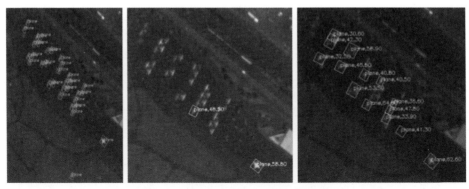

图 6 – 8 对 plane 类目标检测效果对比

图 6 – 9 对 small-vehicle 类目标检测效果对比

6.3 匹配策略的优化和参数分析

label assignment 是目标检测中非常重要的问题，label assignment 就是要对目标检测中的 anchor box 或者 anchor point 打上 label，是正样本、负样本还是忽略样本。这里面有两个挑战：一个挑战是负样本非常多，容易导致样本不均衡问题；另一个挑战是判定标准只能经验性地设置，然后通过试验结果来验证，基本是一个反复试验的过程。

在许多经典论文的检测器中，人们提出了一系列不同的匹配策略，每种匹配策略都各有其独到之处。Anchor-based 中的 Faster R-CNN、SSD、RetinaNet 通过 anchor 与 gt 框之间的 IoU 判定是正样本、负样本还是忽略样本；YOLO_v2 通过计算 gt 框与对应的 grid cell 中的 anchor 的 IoU 来判定是正样本还是负样本；Anchor-based 中的 FCOS 通过判断 grid cell 是否落在 gt 框来判断正、负样本。

除此之外,还有 FreeAnchor、AutoAssign、ATSS 等新颖的检测器从不同的角度来分配对应的标签。

在本节实验中,为了让 anchor 与 gt 能够得到更好的匹配,避免各个类别物体之间的误检,本节的实验对每个类别分别设计一组 anchor 来判定正、负样本。由于 6.2 节的实验已经验证了额外附加针对小目标的检测层的有效性,所以在本节的实验中,均采用 4 个检测层的网络结构来进行对比实验,此外实验的物体类别包括 small-vehicle、plane、helicopter 三类。表 6 - 3 是一组 anchor 和多组 anchor 的匹配策略分别在 3 种类别的精度表现。

表 6 - 3　两种匹配策略的检测精度对比

	small-vehicle	plane	helicopter
一组 anchor	60.520	95.132	40.746
多组 anchor	62.030	94.798	40.208

由表 6 - 3 可以看出,small-vehicle 在更精细的 anchor 的情况下可以得到较好的提升。

图 6 - 10 表示一组 anchor 和多组 anchor 情况下检测三种类别的结果置信度。图 6 - 11 表示一组 anchor 和多组 anchor 检测三种类别的结果的 P-R 曲线。由图 6 - 11 可以看出,对于 small-vehicle 这一类别来说,它的准确率和召回率都得到了较好的提升,因此对于无人机图像来说,那些尺寸较小、难以识别的物体是需要更加精细的 anchor 来匹配的。

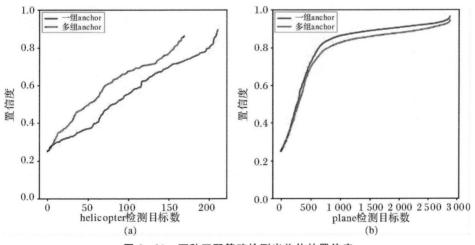

图 6 - 10　两种匹配策略检测出物体的置信度

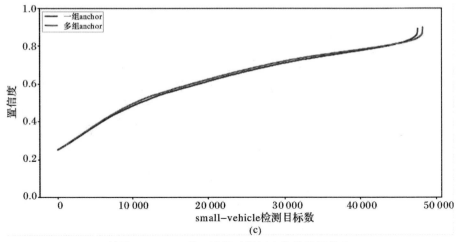

续图 6-10　两种匹配策略检测出物体的置信度

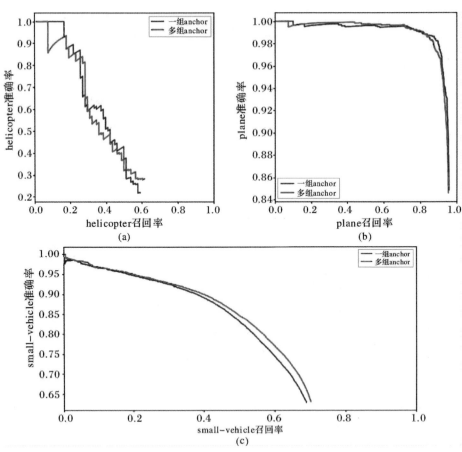

图 6-11　两种匹配策略的 P-R 曲线

6.4 小　结

相对于普通场景来说,无人机图像中面临的物体拥挤和方向任意、尺寸较小等情况极为严峻。为了得到更好的检测效果,本章采用一种优良的旋转框表示方法来减少回归的难度,并且重新修改网络结构来适应无人机图像中的尺寸较小、难以识别的目标,同时优化 anchor 与 gt 的匹配策略来让网络得到更好的训练,以减缓无人机图像中旋转目标检测中出现的漏检和误检的问题。

第7章　无人机影像目标检测与识别系统

在理论分析与实验仿真的基础上,开展系统原理样机的设计与研制,验证模型算法的可行性和有效性,同时通过试验与试用,不断对系统进行完善,提高系统性能,以满足各项设计指标要求。

7.1　系统硬件组成

系统采用台站式与便携式相结合的设计,硬件主要由无人机图像数据智能处理与存储管理机柜、便携式无人机图像智能处理终端和目标实时检测识别模块组成。

(1)无人机图像数据智能处理与存储管理机柜内置高性能图形工作站,可满足深度学习等算法的计算与处理需求,用于无人机侦察目标影像库的存储与管理,以及图像预处理与目标检测算法模型的训练与测试。

图形工作站的主要指标见表7-1。

表7-1　图形工作站的主要指标

特　征	规　格
CPU	至强金牌5 120 TB×2
内存	4×32 GB
存储	512固态+3×2 T机械
显示屏	27寸LED液晶显示屏
显卡	独立显卡TITAN RTX
标准接口	4个USB 3.0接口,1个HDMI接口,1个RJ45千兆网口,1个串口,1组耳机麦克接口

(2)便携式无人机图像智能处理终端的硬件单元为定制军用加固笔记本,内置高性能显卡(NVIDIA 1070),可满足高精度图像和数据处理的应用需求,主要用于无人机影像的实时采集与现场测试。

该终端采用模块化设计,以利于安装维护;接口丰富,扩展性强;采用多重加固处理措施,环境适应能力强;宽温设计,可在低温下直接启动工作。该终端的主要指标见表 7 - 2。

表 7 - 2 便携式无人机图像智能处理终端的主要指标

特　征	规　格
处理器	Intel Core I7 四核处理器,主频不低于 2.8 GHz
内存	32 GB
存储	不低于 500 GB SATA 电子盘
显示屏	17.3 英寸 LED 液晶显示屏,分辨率 1 920×1 080
显卡	独立显卡 NVIDIA 1 070 MB 移动版,显存 8 GB
标准接口	2 个 USB 2.0 接口,2 个 USB 3.0 接口,1 个 HDMI 接口,1 个 RJ45 千兆网口,1 个串口,1 组耳机麦克接口
音效装置	两个立体声扬声器
电源	DC19 V 输入(航插接口),外置 AC220 V 电源适配器
锂电池	内置不小于 130 W·h 宽温智能锂电池
操作系统	支持 Windows 7 操作系统
尺寸	约 420 mm×290 mm×60 mm($W×D×H$)(不含垫脚、把手等凸部位)
质量	约 6.3 kg
工作温度	−10~55℃
储存温度	−40~60℃
湿度	90%±3%,+40℃,非凝结
振动	频率 5~200 Hz,加速度 15 m/s^2
冲击	峰值加速度 150 m/s^2,脉冲速度 11 m/s

1.抗振动冲击设计

抗振动冲击设计主要包括以下几点:

(1)机箱主体使用整块铝镁合金铣削加工成形,机箱盖板也为整体加工成形,整机刚、强度均较好,具有良好的抗振动冲击性能;

(2)机箱底部适当位置设计有电路板安装柱子和主板模块、显卡载板等安装螺孔;

(3)主板模块、桥接板和显卡载板,通过弹垫和螺钉固定在机箱底板上,可以有效地抵抗振动、冲击等各种干扰,还可以有效地避免机箱在某种情况下产生共振现象;

（4）在安装主板、桥接板、显卡载板的机箱底柱上放置减震垫圈，然后通过弹垫和螺钉固定在机箱底柱上，这样可以有效地隔离振动、冲击对设备造成的损坏；

（5）指示灯通过减震垫圈和固定螺母固定在机箱前面板上；

（6）电源输入接口采用航空插座，通过减震垫圈以及弹垫、螺钉固定在侧面板上；

（7）对设备所有可拆卸部分通过热熔胶进行加固。

2.热设计

（1）高温热设计。终端主要发热部件为主板模块和显控模块。考虑到整机的总功耗较高，设备采用风扇强迫风冷设计方式，采用 CPU 和显卡独立热管技术设计的散热模块，热管一端焊接散热筋片，另一端焊接散热基板。配合两个涡轮风扇对散热筋片强迫风冷，达到散热目的。

（2）低温热设计。通过元器件选型及筛选等方法选用满足低温工作环境的电气件来保证低温指标的实现，终端主板、电子盘、锂电池、自研板卡等部件经批量验证，能够满足 $-10℃$ 低温工作要求和 $-40℃$ 低温储存要求。17.3 英寸液晶屏经前期调研测试及长时间低温试验验证能够满足 $-25℃$ 低温工作要求和 $-40℃$ 低温储存要求。

3.防尘设计

终端设计时充分考虑防尘性能，针对容易导致沙尘进入的窗口、空洞、接缝等着重进行防尘设计。机壳接缝处加装橡胶条密封，显示视窗采用屏蔽玻璃进行防护，玻璃与机箱之间采用高强度 3M 胶贴合，防止沙尘进入；航插选用防护等级较高的航插，并配备防尘盖，能够保证在恶劣的沙尘条件下，不影响航插接口的正常插拔和使用；整机通过防尘设计后，防护等级可达 IP5X。

7.2　目标实时检测识别模块

7.2.1　智能计算平台选型

基于深度学习的人工智能目标检测算法需要对图像进行频繁的卷积操作，这对于传统 CPU 的处理设备是非常耗时的，需要专用的人工智能硬件加速模块才能实现实时处理。目前，使用较多的国产智能处理平台有寒武纪思元系列、瑞芯微 RK3399Pro 和华为 Hi3559AV100。其他国外 AI 加速平台（如英伟达 Jetson TX2、Jetson NX 和 Xilinx Versal ACAP 等）不属于国产化平台，不在此进行比较。下面将对这三种国产平台进行阐述和评估。

1. 寒武纪智能计算平台

寒武纪的思元 270 系列智能加速卡主要用于 PC 中，通过 PCIE 接口处理 PC 智能算法加速任务；思元 220 M.2 边缘端人工智能加速卡可以作为处理的嵌入式智能处理单元实现智能算法推理，不需要 PC 作为主设备进行控制，更适合本研究的需求，因此这里主要讨论该智能加速卡的参数性能。其具体参数见表 7-3。

表 7-3　寒武纪思元 220 M.2 平台主要参数

特　征	规　格
内存	LPDDR4×64 bit，4 GB
理论峰值性能	8TOPS(INT8)
编解码性能	支持 H.264，HEVC (H.265)，VP8，VP9
图片解码	JPEG 解码，最大图片分辨率 8 192×8 192
接口规格	M.2 2280，B+M key(PCIe3.0 X2)
功耗	8.25 W
结构尺寸	长 80 mm，宽 22 mm，高 7.3 mm(无散热)/21.3 mm(带散热)
散热	被动散热
表面温度	−20～80℃

2. 瑞芯微 RK3399Pro 计算平台

瑞芯微 RK3399Pro 是一款低功耗、高性能的处理器，用于个人移动互联网设备和其他智能设备应用程序。基于 Big.LITTLE 体系结构，它集成双核 Cortex-A72 和四芯 Cortex-A53 处理器。

RK3399Pro 配备了一个功能强大的神经网络处理单元（NPU），支持市场主流平台，如 caffe、张量流等。许多嵌入式强大的硬件引擎为高端应用程序提供了优化的性能，RK3399 Pro 支持多种格式的视频解码器和编码器。

嵌入式 3D GPU 使 RK3399Pro 与 OpenGL ES1.1/2.0/3.0/3.1、OpenCL 和 DirectX 11.1 完全兼容。带有 MMU 的专用 2D 硬件引擎将最大限度地提高显示性能，并提供非常好的平稳运转。其具体参数见表 7-4。

表 7 - 4　瑞芯微 RK3399Pro 计算平台主要参数

特　征	规　格
AI 处理器	双核 Cortex-A72＋4 核 Cortex-A53,max 1.8 GHz
AI 算力	乘加计算性能:3TOPS/INT8
内存	双通道 DDR3-1866/DDR3L-1866/LPDDR3-866/LPDDR4
编解码能力	支持 4K vP9 and 4K 10 bits H265/H264 视频解码,高达 60 帧/s 1 080P 多格式视频解码(VC-1,MPEG-1/2/4,VP8) 1 080P 视频编码,支持 H.264、VP8 格式 视频后期处理器:反交错、去噪、边缘/细节/色彩优化
高速接口	支持 eMMC 5.1,SDIO3.0
功耗	典型功耗:7 W

3.华为 Hi3559AV100 计算平台

Hi3559AV100 是专业的 8K Ultra HD Mobile Camera SOC,Hi3559AV100 提供了高效且丰富的计算资源,集成了双核 A73 和双核 A53,大小核架构和双操作系统,使得功耗和启动时间达到均衡。

采用先进的 12 nm 低功耗工艺和小型化封装,同时支持 DDR4/LPDDR4,使得 Hi3559AV100 可支撑产品小型化设计。其具体参数见表 7 - 5。

表 7 - 5　华为 Hi3559AV100 计算平台主要参数

特　征	规　格
CPU	双核 ARM Cortex A73@1.6 GHz,双核 ARM Cortex A53@1.2 GHz, 单核 ARM Cortex A53@1.2 GHz
GPU	双核 ARM Mali G71@900 MHz,支持 OpenCL 1.1/1.2/2.0
数字信号处理器	四核 DSP@700 MHz
神经网络	双核 NNIE@840 MHz 神经网络加速引擎
视频编解码	H.264/H.265 编解码可支持最大分辨率为 8 192 × 8 640,JPEG 编码
视频接口	支持 8 路 sensor 输入、BT.1120、MIPI/LVDS/Sub-LVDS/HiSPi/ SLVS-EC、SDI、HDMI 等常见输入/输出接口
其他接口	USB 3.0,USB 2.0,千兆网,eMMC5.1,SD/TF 卡,PCIE2.0
功耗温度	3 W 典型功耗,工业级工作温度:-40~60℃

4.智能计算平台选型对比

寒武纪思元 220 M.2 平台、瑞芯微 RK3399Pro 计算平台和华为 Hi3559AV100平台的关键参数对比见表 7 - 6。

表 7 - 6 三类平台参数对比

类 别	寒武纪思元 220 M.2	瑞芯微 RK3399Pro	华为 Hi3559AV100
AI 计算单元	硬件加速	硬件加速	双核 NNIE@840MHz 神经网络加速引擎
AI 计算能力	8TOPS(INT8)	乘加计算性能:3TOPS/INT8	4Tops INT8
外部 RAM	LPDDR4x 64 bit,4 GB	双通道 DDR3-1866/DDR3L-1866/LPDDR3-1866/LPDDR4	DDR4 64 bit,4 GB
接口	M.2 2280, B+M key (PCIe3.0 X2)	支持 eMMC 5.1、SDIO3.0 等	CSI,DSI,USB 3.0,USB 2.0,千兆网,eMMC5.1,SD/TF卡,PCIE2.0
尺寸及电气性能	模块尺寸:80 mm×22 mm×7.3 mm 典型功耗:8.25 W 工作温度:−20～80℃	典型功耗:7 W	典型功耗:3 W 工作温度:−40～60℃

分析以上 3 款智能处理的硬件平台,寒武纪思元 220 M.2 是以模块插卡的形式安装在设备中,RK3399Pro 和华为 Hi3559AV100 是以 BGA 芯片焊接在设备电路板上,因此 RK3399Pro 和 Hi3559AV100 在使用上比寒武纪思元 220 M.2 更灵活。

在硬件加速方面,寒武纪思元 220 M.2、RK3399Pro 和华为 Hi3559AV100都具备硬件加速单元,其中寒武纪思元 220 M.2 的 8TOPS(INT8)计算能力最强,Hi3559AV100 的处理速度要比 RK3399Pro 更快。

在产品成熟度方面,Hi3559AV100 于 2018 年上市,已广泛应用于无人机载图像处理领域,芯片成熟度高,产品可靠。RK3399Pro 主要应用于消费级市场,环境适应性不如 Hi3559AV100。寒武纪思元 220 M.2 嵌入式平台尚未正式应用,成熟度最低。因此采用 Hi3559AV100 作为本算法计算平台。

7.2.2 硬件设计与实现

1. 硬件设计

为减小整体体积,目标实时检测识别模块采用上、下双层扣合板结构,上层为 Hi3559AV100 核心板,包括 DDR、内存 EMMC 与 Flash 等;下层为对外接口处理板,包括网口 LAN、串口、SD 卡槽、HDMI 输入输出口和 PWR 等外设接口。目标实时检测识别模块的组成框图如图 7-1 所示。

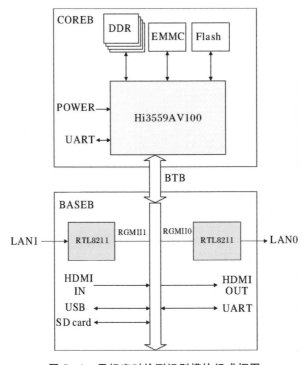

图 7-1 目标实时检测识别模块组成框图

其中,HDMI IN 与 HDMI OUT 作为目标实时检测识别模块的输入、输出,UART 作为目标实时检测识别模块与上位机之间的通信接口,SD 卡作为备用内存扩展。

目标实时检测识别模块的外观结构如图 7-2 所示。

其中,PWR 为 5 V/2 A 规格,可使用对应的电源适配器,HDMI IN 使用线缆连接电脑主机的 HDMI 输出口,作为目标检测系统的信号输入,HDMI OUT 使用线缆连接视频采集盒,再使用 type-c 转串口连接到电脑的串口接口上,最后打开 HDMI2PC 上位机作为显示器。

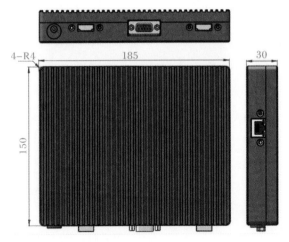

图 7 - 2　目标实时检测识别模块的外观结构(单位:mm)

2. 工作原理

无人机目标检测设备中的 AI 检测模块核心处理器件内部有四片 DDR4 芯片:单颗芯片容量为 8 GB,型号为 MT40A512M16JY-075E;SPI Nor Flash 容量为 32 MB,型号为 MX25U25635FMI-10G;eMMC 芯片容量为 16 GB,型号为 H26M52103FMRI。

AI 检测模块核心处理器件所用的 Hi3559AV100 芯片的系统架构如图 7 - 3 所示。

Hi3559AV100 中集成了两个神经网络推理机(Neural Network Inference Engine,NNIE),是海思高性能多媒体处理器片上系统(System on Chip,SoC)中专门针对神经网络,特别是深度学习卷积神经网络进行加速处理的硬件单元,两个 AI 核(NNIE)是完全一样的,可并行计算,支持现有大部分的公开网络,如 AlexNet、VGG-16、GoogleNet、ResNet-18、ResNet-50 等分类网络,Faster R-CNN、YOLO、SSD、R-FCN 等检测网络以及 SegNet、FCN 等图像语义分割网络。通过专用的 NNIE 配套开发软件能将在 PC 端上耗费巨大资源的目标检测网络模型集成到芯片上,使产品实现在移动平台上的部署,具有低功耗、体积小以及易组装架设等优点。

AI 硬件加速器 NNIE 只支持 *.wk 格式的模型文件的加载。而海思的 SDK 提供的 Mapper 工具可以将基于 caffe1.x 框架生成的模型转换成 *.wk

格式。在 ubantu 18.04 系统下基于 darknet 架构利用自制的训练集得到的可见光与红外检测模型均为 *.weights 格式,而最终能搭载到计算平台上进行推理的模型为 *.wk 格式。因此本项目需要先用模型转换脚本将 *.weights 模型文件转换为 *.caffemodel 模型文件,再使用海思芯片开发工具中提供的 Ruyi Studio 工具完成模型转换,Ruyi Studio 作为海思提供的 IDE 集成了 NNIE 的 Mapper 和 Simulator 两大基本功能,可以完成 *.caffemodel 模型文件到 *.wk 模型文件的转换。转换后的网络模型则作为最终参考模型对视频流中的目标进行检测识别(由于 darknet 架构的模型格式是 *.weights 格式,而 Mapper 只可以转换 caffe 格式的模型,所以用 Mapper 转换之前需要明确,笔者的模型不论采用什么框架,之后都需要统一转换为 caffe 的模型,然后将 caffe 模型转为 wk 文件)。

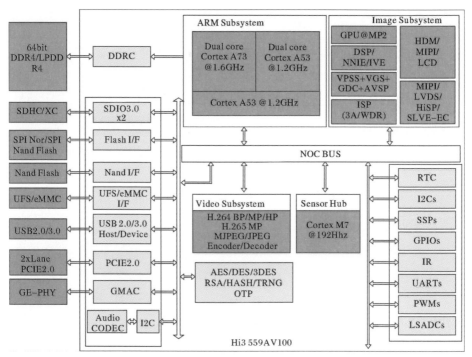

图 7-3   Hi3559AV100 芯片的系统架构

检测识别系统开机默认的输入状态为可见光,其工作状态可以在可见光与红外之间切换,当输入源为可见光时,输入的一帧标准图像 1 920×1 080 在 Image Subsystem 中被压缩到 740×416 尺寸大小,随后被分切为两幅 416×

416 尺寸图像并交给两个 NNIE 同时开始并行计算,由此将每一帧数据处理耗时降低到 70 ms,平均每秒处理能力为 15 帧,满足技术指标的 10 帧/s 的要求。当输入源为红外时,图像会被 Image System 直接压缩到 416×416 尺寸并交给神经网络推理机进行运算,最后将检测结果输出。

7.2.3　检测算法的平台移植

本章改进的目标检测模型算法以 caffe 工具为模型框架,转为 wk 模型并运行在 Hi 3559AV100 平台。

以 caffe 框架进行网络训练,使用 NNIE 的 Mapper 工具将 caffe 模型转为在仿真器、仿真库或板端上可加载执行的数据指令 wk 文件,在 Ruyi Studio 仿真环境中对训练转换模型的精度、性能、带宽进行初步评估,在达到要求后,将程序移植到板端。

NNIE 中的一个网络层可以分为以下 3 类。

(1)标准层:NNIE 支持的 caffe 标准层,如 Convolution、Pooling 等。

(2)拓展层:NNIE 支持的公开但非 caffe 标准层,分为以下 2 种。

1)基于 caffe 框架进行自定义拓展的层,如 Faster R-CNN 中的 ROIPooling 层、SSD 中的 Normalize 层、RFCN 中的 PSROIPooling 层、SegNet 中的 UpSample 层等。

2)来源于其他深度学习框架的自定义层,如 YOLO_v2 中的 Passthrong 层等。

(3)Non-support 层:NNIE 不支持的层,如 caffe 中专用于 Tranning 的层、其他非 caffe 框架中的一些层或者用户自定义的私有层等。

使用 NNIE 进行板端神经网络移植与开发的流程如图 7-4 所示。

1.模型转换——caffe 转 wk

使用 Mapper 进行 caffe 模型转换使用了华为 Ruyi Studio SDK,该 SDK 集成转换、仿真、测试于一体。

使用 Mapper 工具进行转换前,需要将 prototxt 文件的网络描述结构改为 Mapper 工具支持的格式。通过修改检测网络结构描述文件 prototxt,并导入训练好的权重和权值二进制模型 caffemodel,配置 Ruyi Studio 的转换文件,点击转换按钮,进行 caffe 模型到 wk 模型的转换。

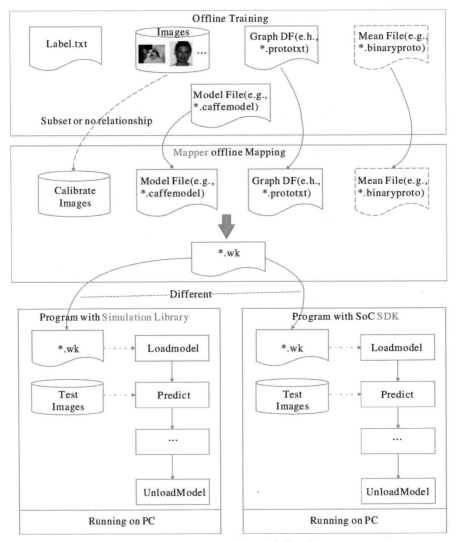

图 7-4 NNIE 移植与开发的流程

2. 模型仿真———上位机验证 wk 模型

利用 Ruyi Studio,模拟嵌入式环境,在上位机验证转换得到的 wk 模型的正确性。

3. 嵌入式编程———上板实测

利用海思封装的调用 NNIE AI 核基于 C++的 API,在嵌入式中完成目标检测算法的前向推理,并在 CPU 端进行绑定,完成多线程的回归后处理操作。算法测试如图 7-5 所示。

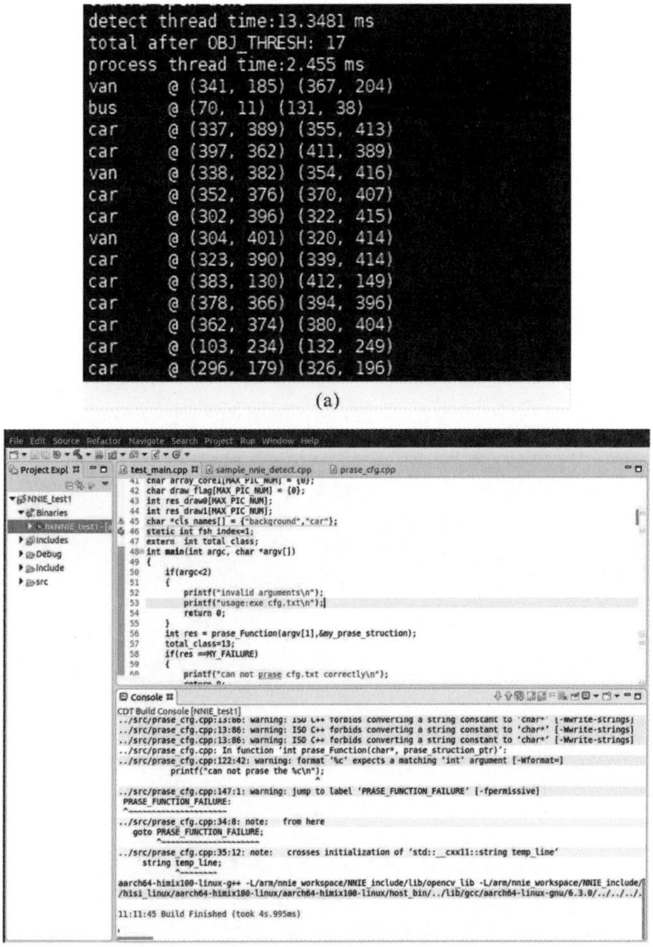

(a)

(b)

图 7-5 算法测试

7.2.4 系统测试

1.测试方法

将可见光视频输入源分别使用 1 920×1 080 和 640×512 画幅参数输入,查看 HDMI 输出画面是否流畅无误;切换视频输入帧率为 25 帧/s,查看输出画面是否流畅无误;统计输入画面中出现的目标总数,与检测识别系统检测到的目标总数进行运算得到查准率值,查准率计算方法如下:

$$c = \frac{\text{ts}}{\text{ta}} \times 100\%$$

式中:ts 为单类目标检测输出总数;ta 为样本源中单类目标总数。

随机在输出画面截图,将目标检测框所占像素与数据集中标注框进行计算得出平均交比 IoU 值。

2.测试结果与分析

(1)测试结果。系统测试效果如图 7-6 所示。

(a)   (b)

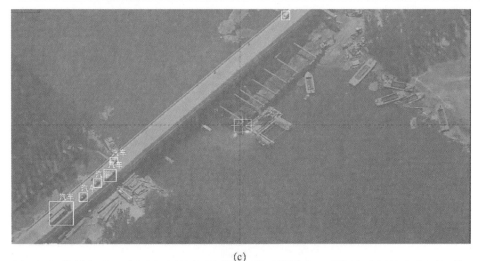

(c)

图 7-6 测试样本结果图

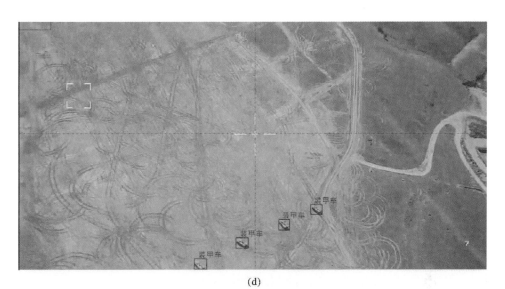

(d)

续图 7 - 6　测试样本结果图

测试结果显示,目标检测模块单帧数据处理时间在 40 ms 以下,满足 25 帧/s 指标要求。同时在测试数据集上进行测试:当 IoU 阈值为 0.5 时,在无人机数据集 Visdrone 2019 测试集上,采用本模块进行检测的单类目表查准率高于 86%;当 IoU 阈值为 0.5 时,在 COCO 2017 数据集的验证集上,采用本模块进行检测的 80 类目标检测的 MAP 达到 0.60,与在上位机 YOLO_v3 检测算法的结果持平。

在自建无人机侦察目标影像库中进行测试,与 PC 上位机的测试结果对比见表 7 - 7。

表 7 - 7　平台参数对比

测试平台	PC 上位机	3559 嵌入式
MAP/(%)	90.49	89.34
速度/ms	70	40

(2)目标检测性能边界分析。本模块基于 YOLO_v3 系列的目标检测算法进行开发与移植,由于该算法会对图像进行缩放并进行多次下采样,所以最后神经网络输出的 feature map 尺寸最小缩放为原尺寸的 1/32,最大 feature map 尺寸为原尺寸的 1/8。故若检测图像中过小的目标,会无法正常检测出来。经测试,本算法稳定检测的性能边界为目标大小≥24 像素×24 像素。系统检测

目标框的坐标(X,Y)及像素大小(W,H)如图7-7所示。

	目标类别	X	Y	W	H
1	1	976	262	28	70
2	1	782	516	32	64
3	1	1042	420	28	64
4	1	756	1028	34	50
5	1	1016	776	32	58
6	1	1068	1020	32	58
7	2	706	1062	18	16
8					
9					
10					
11					
12					
13					
14					
15					

图7-7　系统检测目标框的坐标及像素大小

设摄像机最大焦距为129 mm,像元尺寸为3.45 μm,目标尺寸为4 m×6 m(按4 m计算),无人机距目标6 km,则目标在图像中所占像素为

$$像素大小=\frac{129\times4}{6\times3.45}\approx24.9$$

因此,在能见度为10 km的条件下,对4 m×6 m典型目标,系统检测与识别距离不小于6 km。

7.3　小　　结

实现基于深度学习的人工智能目标检测算法需要专用的硬件设备,本章对当前国产主流智能计算平台的性能进行了对比,并对所设计的算法进行了移植,设计的目标检测与识别系统运行稳定,检测结果满足使用要求。

参 考 文 献

［1］朱锡芳,吴峰,庄燕滨.基于 Mallat 算法遥感图像去云雾处理的改进方法
［J］.遥感学报,2007,11(2):241-246.

［2］胡根生,周文利,梁栋,等.融合引导滤波和迁移学习的薄云图像中地物信
息恢复算法［J］.测绘学报,2018,47(3):348-358.

［3］禹晶,徐东彬,廖庆敏.图像去雾技术研究进展［J］.中国图象图形学报,
2011,16(9):1561-1576.

［4］陈书贞,任占广,练秋生.基于改进暗通道和导向滤波的单幅图像去雾算法
［J］.自动化学报,2016,42(3):455-465.

［5］肖进胜,高威,邹白昱,等.基于天空约束暗通道先验的图像去雾［J］.电子
学报,2017,45(2):346-352.

［6］杨红,崔艳.基于开运算暗通道和优化边界约束的图像去雾算法［J］.光子
学报,2018,47(6):244-250.

［7］ZHU Q, MAI J, SHAO L. A fast single image haze removal algorithm
using color attenuation prior［J］. IEEE Transactions on Image Processing,
2015,24(11):3522-3533.

［8］CAI B, XU X, JIA K, et al. DehazeNet: an end-to-end system for single
image haze removal［J］. IEEE Transactions on Image Processing,2016,25
(11):5187-5198.

［9］MAKARAU A, RICHTER R, SCHLÄPFER D, et al. Combined haze and
cirrus removal for multispectral imagery［J］. IEEE Geoscience & Remote
Sensing Letters,2016,13(3):379-383.

［10］GABARDA S, CRISTÓBAL G. Cloud covering denoising through image
fusion［J］. Image & Vision Computing,2007,25(5):523-530.

[11] HUANG B,LI Y,HAN X,et al. Cloud removal from optical satellite imagery with SAR imagery using sparse representation[J]. IEEE Geoscience & Remote Sensing Letters,2017,12(5):1046-1050.

[12] XU M,JIA X,PICKERING M,et al. Thin cloud removal from optical remote sensing images using the noise-adjusted principal components transform[J]. ISPRS Journal of Photogrammetry and Remote Sensing,2019, 149: 215-225.

[13] ZHANG Q,YUAN Q,LI J,et al. Thick cloud and cloud shadow removal in multitemporal imagery using progressively spatio-temporal patch group deep learning[J]. ISPRS Journal of Photogrammetry and Remote Sensing,2020,162:148-160.

[14] ZHANG Y,WEN F,GAO Z,et al. A coarse-to-fine framework for cloud removal in remote sensing image sequence[J]. IEEE Transactions on Geoscience and Remote Sensing,2019,57(8): 5963-5974.

[15] CHEN Y,HE W ,YOKOYA N,et al. Blind cloud and cloud shadow removal of multitemporal images based on total variation regularized low-rank sparsity decomposition[J]. ISPRS Journal of Photogrammetry and Remote Sensing,2019,157:93-107.

[16] SHEN H,WU J,CHENG Q,et al. A spatiotemporal fusion based cloud removal method for remote sensing images with land cover changes[J]. IEEE Journal of Selected Topics in Applied Earth Observations and Remote Sensing,2019,12(3):862-874.

[17] BERTALMIO M, SAPIRO G, CASELLES V, et al. Image inpainting [C]//Proceedings of the 27th Annual Conference on Computer Graphics and Interactive Techniques. ACM Press/Addison-Wesley Publishing Co. , 2000: 417-424.

[18] STARCK J L, ELAD M, DONOHO D L. Image decomposition via the combination of sparse representations and a variational approach[J]. IEEE Transactions on Image Processing,2005,14(10): 1570-1582.

[19] MAIRAL J,ELAD M,SAPIRO G. Sparse representation for color image

restoration[J]. IEEE Transactions on Image Processing,2007,17(1):
53-69.

[20] 高成英,徐仙儿,罗燕媚,等.基于稀疏表示的物体图像修复[J].计算机学报,2019,42(9):1953-1965.

[21] CRIMINISI A,PÉREZ P,TOYAMA K. Region filling and object removal by exemplar-based image inpainting[J]. IEEE Transactions on Image Processing,2004,13(9):1200-1212.

[22] HUANG J B,KANG S B,AHUJA N,et al. Image completion using planar structure guidance[J]. ACM Transactions on Graphics,2014,33(4):1-10.

[23] QIANG Z,HE L,XU D. Exemplar-based pixel by pixel inpainting based on patch shift[C]//CCF Chinese Conference on Computer Vision. Singapore:Springer,2017:370-382.

[24] DARABI S,SHECHTMAN E,BARNES C,et al. Image melding:combining inconsistent images using patch-based synthesis[J]. ACM Transactions on Graphics,2012,31(4):1-10.

[25] YEH R A,CHEN C,YIAN L T,et al. Semantic image inpainting with deep generative models[C]//Proceedings of the IEEE Conference on Computer Vision and Pattern Recognition,2017:5485-5493.

[26] PATHAK D,KRAHENBUHL P,DONAHUE J,et al. Context encoders:feature learning by inpainting[C]//Proceedings of the IEEE Conference on Computer Vision and Pattern Recognition,2016:2536-2544.

[27] IIZUKA S,SIMO S E,ISHIKAWA H. Globally and locally consistent image completion[J]. ACM Transactions on Graphics(ToG),2017,36(4):107.

[28] YU J,LIN Z,YANG J,et al. Generative image inpainting with contextual attention[C]//Proceedings of the IEEE Conference on Computer Vision and Pattern Recognition,2018:5505-5514.

[29] 李从利,张思雨,韦哲,等.基于深度卷积生成对抗网络的航拍图像去厚云方法[J].兵工学报,2019,40(7):1434-1442.

[30] REN Y, YU X, ZHANG R, et al. Structureflow: image inpainting via structure-aware appearance flow[C]//Proceedings of the IEEE/CVF International Conference on Computer Vision, 2019: 181-190.

[31] LIU H, JIANG B, SONG Y, et al. Correction to: rethinking image inpainting via a mutual encoder-decoder with feature equalizations[C]//European Conference on Computer Vision. Cham: Springer, 2020: C1.

[32] ZHENG C, CHAM T J, CAI J. Pluralistic image completion[C]//Proceedings of the IEEE/CVF Conference on Computer Vision and Pattern Recognition, 2019: 1438-1447.

[33] LAI W S, HUANG J B, HU Z, et al. A comparative study for single image blind deblurring[C]//IEEE Conference on Computer Vision and Pattern Recognition, 2016.

[34] CAI J F, JI H, LIU C, et al. Blind motion deblurring from a single image using sparse approximation[C]//2009 IEEE Conference on Computer Vision and Pattern Recognition, 2009.

[35] 张秉仁, 陈里铭, 高游. 运动模糊图像的降质过程分析与恢复技术研究[J]. 中国图象图形学报, 2004(7): 51-55.

[36] THAKUR A, BENNY J. Restoration of space variant motion blurred images using adaptive paticle filter techniques[C]//The 4th International Conference on Reliability, Infocom Technologies and Optimization (ICRITO), IEEE, 2015: 1-6.

[37] CRONJE J. Deep convolutional neural networks for dense non-uniform motion deblurring[C]//International Conference on Image & Vision Computing New Zealand, IEEE, 2016.

[38] XU X, PAN J, ZHANG Y J, et al. Motion blur kernel estimation via deep learning[J]. IEEE Transactions on Image Processing, 2018, 27 (1): 194-205.

[39] TAO X, GAO H, WANG Y, et al. Scale-recurrent network for deep image deblurring[C]//2018 IEEE/CVF Conference on Computer Vision and Pattern Recognition (CVPR), 2018.

［40］FRITZELL B. Inverse filtering[J]. Journal of Voice,1992,6(2)：111-114.

［41］HELSTROM C W. Image restoration by the method of least squares[J]. Journal of the Optical Society of America,1967,57(3)：297-303.

［42］RICHARDSON W H. Bayesian-based iterative method of image restoration[J]. Journal of the Optical Society of America,1972,62(1)：55-59.

［43］CHAN T F,WONG C K. Total variation blind deconvolution[J]. IEEE Transactions on Image Processing a Publication of the IEEE Signal Processing Society,1998,7(3)：370.

［44］SUN S J,WU Q,LI G H. Blind image deconvolution algorithm for camera-shake deblurring based on variational bayesian estimation[J]. Dianzi Yu Xinxi Xuebao/Journal of Electronics and Information Technology,2010, 32(11)：2674-2679.

［45］FERGUS R,SINGH B,HERTZMANN A,et al. Removing camera shake from a single photograph[J]. Acm Siggraph,2006,25(3)：787-794.

［46］SHAN Q,JIA J,AGARWALA A. High-quality motion deblurring from a single image[J]. ACM Transactions on Graphics,2008,27(3)：557-566.

［47］ZHU C,ZHOU Y. A MAP framework for single-image deblurring based on sparse priors［C］//2015 Chinese Automation Congress（CAC）. IEEE,2015.

［48］ZHANG B,LIU R,LI H,et al. Blind image deblurring using adaptive priors[C]//International Conference on Internet Multimedia Computing & Service. Singapore:Springer,2017.

［49］任静静,方贤勇,陈尚文.基于快速卷积神经网络的图像去模糊[J].计算机辅助设计与图形学学报,2017,29(8)：1444-1456.

［50］LEDIG C,THEIS L,HUSZAR F,et al. Photo-realistic single image super-resolution using a generative adversarial network［C］//Proceedings of the IEEE Conference on Computer Vision and Pattern Recognition,2017： 4681-4690.

［51］CHEN Y,WU F,ZHAO J. Motion deblurring via using generative adversarial networks for space-based imaging［C］//IEEE International Conference on Software Engineering Research,2018.

[52] HU X,MU H,ZHANG X,et al. Meta-SR:a magnification-arbitrary network for super-resolution[C]//2019 IEEE/CVF Conference on Computer Vision and Pattern Recognition (CVPR),2020.

[53] HARRIS J L. Diffraction and resolving power[J]. Journal of the Optical Society of America,1964,54(7):931-933.

[54] SCHULTZ R R,STEVENSON R L. A Bayesian approach to image expansion for improved definition[J]. IEEE Transaction on Image Processing,1994,3(3):233-242.

[55] HOU H S,ANDREWS H C. Cubic spfines for image interpolation and digital filtering[J]. IEEE Transaction on Acoustics,Speech and Signal Processing,1987,26(6):508-517.

[56] LI X,ORCHARD M T. New edge-directed interpolation[J]. IEEE Transaction on Image Processing,2001,10(10):1521-1527.

[57] ZHANG X,WU X. Image interpolation by adaptive 2-D autoregressive modeling and soft decision estimation[J]. IEEE Transactions on Image Processing,2008,17(6):887-896.

[58] ZHOU F,YANG W,LIAO Q. Interpolation-based image super-resolution using multisurface fitting[J]. IEEE Transactions on Image Processing, 2012,219(7):3312-3318.

[59] TAKEDA H,FARSIU S,MILANFAR P. Kernel regression for image processing and reconstrucrion[J]. IEEE Transacrions on Image Processing,2007,16(2):349-366.

[60] LIU X,ZHAO D,XIONG R,et al. Image interpolation via regularized local linear regression[J]. IEEE Transactions on Image Processing,2011,20 (12):3455-3469.

[61] TSAI R Y,HUANG T S. Multipleframe image restoration andregistration [C]//Advances in Computer Vision and Image Processing. Greenwich, CT:JAL Press,1984:317-339.

[62] KIM S P,BOSE N K,VALENZUELA H M. Recursive reconstruction of

high resolution image from noisy undersampled multiframes[J]. Acoustics Speech & Signal Processing IEEE Transactions on, 2002, 380: 1013-1027.

[63] SCHULTZ R R,STEVENSON R L. Extraction of high-resolution frames from video sequences[J]. IEEE Transactions on Image Processing,1996,5 (6): 996-1011.

[64] IRANI M,PELEG S. Super resolution from image Sequences[C]//International Conference on Pattern Recognition. IEEE,1990.

[65] STARK H,OSKOUI P. High-resolution image recovery from image-plane arrays,using convex projections[J]. Journal of the Optical Society of America a Optics & Image Science,1989,6(11): 1715-1726.

[66] YANG J C,WRIGHT J,HUANG T S,et al. Image super-resolution via sparse representation [J]. IEEE Transactions on Image Processing,2010, 19(11): 2861-2873.

[67] FREEMAN W T,JONES T R,PASZTOR E C. Example-based super-resolution[J]. IEEE Computer Graphics and Applications,2002,22(2): 56-65.

[68] DONG C,LOY C C,TANG X. Accelerating the super-resolution convolutional neural network[C]//European Conference on Computer Vision. Springer,Cham,2016:391-407.

[69] KIM J,LEE J K,LEE K M. Accurate image super-resolution using very deep convolutional networks[C]//2016 IEEE Conference on Computer Vision and Pattern Recognition (CVPR),2016.

[70] LIANG Y,WANG J,ZHOU S,et al. Incorporating image priors with deep convolutional neural networks for image super-resolution[J]. Neurocomputing,2016,194: 340-347.

[71] YANG W,FENG J,YANG J,et al. Deep edge guided recurrent residual learning for image super-resolution[J]. IEEE Transactions on Image Processing,2017,12(26): 5895-5907.

[72] LI K,WAN G,CHENG G,et al. Object detection in optical remote sens-

ing images: a survey and a new benchmark[J]. ISPRS Journal of Photogrammetry and Remote Sensing, 2020, 159: 296-307.

[73] BAY H, ESS A, TUYTELAARS T, et al. Speeded-up robust features (SURF)[J]. Computer Vision and Image Understanding, 2008, 110(3): 346-359.

[74] GIRSHICK R, DONAHUE J, DARRELL T, et al. Rich feature hierarchies for accurate object detection and semantic segmentation[C]//Proceedings of the IEEE Conference on Computer Vision and Pattern Recognition, 2014: 580-587.

[75] FELZENSZWALB P F, GIRSHICK R B, MCALLESTER D, et al. Object detection with discriminatively trained part-based models [J]. IEEE Transactions on Pattern Analysis and Machine Intelligence, 2009, 32(9): 1627-1645.

[76] LI Y, PANG Y, CAO J, et al. Improving single shot object detection with feature scale unmixing[J]. IEEE Transactions on Image Processing, 2021, 30: 2708-2721.

[77] FENG M, LU H, YU Y. Residual learning for salient object detection[J]. IEEE Transactions on Image Processing, 2020, 29: 4696-4708.

[78] HE K, ZHANG X, REN S, et al. Spatial pyramid pooling in deep convolutional networks for visual recognition[J]. IEEE Transactions on Pattern Analysis and Machine Intelligence, 2015, 37(9): 1904-1916.

[79] GIRSHICK R. Fast R-CNN[C]//Proceedings of the IEEE International Conference on Computer Vision, 2015: 1440-1448.

[80] REDMON J, DIVVALA S, GIRSHICK R, et al. You only look once: unified, real-time object detection[C]//Proceedings of the IEEE Conference on Computer Vision and Pattern Recognition, 2016: 779-788.

[81] REDMON J, FARHADI A. Better, faster, stronger[C]// IEEE Conference on Computer Vision & Pattern Recognition, 2017: 6517-6525.

[82] LIU W, AUGUELOV D, ERHAN D, et al. SSD: Single Shot Multi Box Detector[C]//European Conference on Computer Vision(ECCV). San

Francisco,CA,USA：IEEE Conference,2016:6517-6525.

[83] 韦哲,李从利,沈延安,等.基于两阶段模型的无人机图像厚云区域内容生成[J].计算机学报,2021,44(11):2233-2247.

[84] 江波,屈若锟,李彦冬,等.基于深度学习的无人机航拍目标检测研究综述[J].航空学报,2021,42(4):524519.

[85] 张思雨.航拍图像云雾去除方法研究[D].合肥:陆军炮兵防空兵学院,2018.

[86] 陆文骏,李从利,薛松.一种用于红外侦察图像的无参考质量评价方法[J].图学学报,2017,38(2):253-258.

[87] 李从利,薛松,陆文骏,等.弹载侦察图像质量评价方法研究[J].兵工学报,2017,38(1):64-72.

[88] 李从利,薛松,陆文骏,等.雾天条件下偏振解析成像质量评价[J].中国图象图形学报,2017,22(3):366-375.

[89] 徐国明.基于稀疏表示的图像超分辨率重建方法研究[D].合肥:合肥工业大学,2014.

[90] KANG X,LI S,BENEDIKTSSON J A. Spectra spatial hyperspectral image dassification with edgrpreserving fihering[J]. IEEE Trans. on Geosceuce and Remote Sensing ,2014,52(5)：2666-2677.

[91] ZHANG Q,XIAO C. Cloud detection of RGB color aerial photographs by progressive refinement scheme[J]. IEEE Transactions on Geoscience and Remote Sensing,2014,52(11)：7264-7275.

[92] FARBMAN Z,FATTAL R,LISCHINSKI D,et al. Edge-preserving decompositions for multi-scale tone and detail manipulation[J]. ACM Transactions on Graphics,2008,27(3)：67.

[93] YANG Q,TAN K H,AHUJA N. Real-time O (1) bilateral filtering[C]// IEEE Conference on Computer Vision and Pattern Recognition,2009：557-564.

[94] PARIS S,DURAND F. A fast approximation of the bilateral filter using a signal processing approach[C]//European Conference on Computer Vision. Berlin,Heidelberg:Springer,2006：568-580.

[95] 廖斌,付忠旺.基于边缘敏感递归滤波的彩色航拍图像云检测[J].系统工程与电子技术,2010,37(12):2879-2886.

[96] 王慧芳,张瑞珏,匡娇娇,等.航拍图像逐步细化的云检测方法[J].武汉大学学报(理学版),2016,62(6):525-530.

[97] 龙建武.图像阈值分割关键技术研究[D].长春:吉林大学,2014.

[98] OTSU N. A threshold selection method from gray-level histograms[J]. IEEE Transactions on Systems,Man,and Cybernetics,1979,9(1):62-66.

[99] KITTLER J,ILLINGWORTH J. Minimum error thresholding[J]. Pattern Recognition,1986,19(1):41-47.

[100] KAPUR J N,SAHOO P K,WONG A K C. A new method for gray-level picture thresholding using the entropy of the histogram[J]. Computer Vision,Graphics,and Image Processing,1985,29(3):273-285.

[101] 谭凯,张永军,童心,等.国产高分辨率遥感卫星影像自动云检测[J].测绘学报,2016,45(5):581-591.

[102] HE K,SUN J,TANG X. Guided image filtering[J]. IEEE Transactions on Pattern Analysis and Machine Intelligence,2013,35(6):1397-1409.

[103] HE K,SUN J. Fast guided filter[EB/OL]. (2015-05-05)[2022-11-03]. https://arxiv.org/abs/1505.00996.

[104] 张思雨.基于阈值递归选取和引导滤波的航拍图像云检测[J].计算机与数字工程,2019,47(12):3173-3176.

[105] 柳婷.单幅雾天无人机影像清晰化技术研究[D].重庆:重庆大学,2015.

[106] 范郁锋,曹永锋.基于暗原色先验的无人机遥感图像去雾算法[[J].现代计算机,2015(11):46-49.

[107] VICENTE S,CARREIRA J,AGAPITO L,et al. Reconstructing pascal voc[C]//Computer Vision and Pattern Recognition (CVPR),IEEE Conference,2014:41-48.

[108] 唐志刚.基于 YOLO V3 的航拍车辆图像检测方法研究[D].南昌:江西理工大学,2020.

[109] 郑志强,刘妍妍,潘长城,等.改进 YOLO V3 遥感图像飞机识别应用[J].电光与控制,2019,26(4):28-32.

［110］鞠默然,罗海波,王仲博,等.改进的 YOLO V3 算法及其在小目标检测中的应用[J].光学学报,2019,39(7):253-260.

［111］YUE Z,YONG H,ZHAO Q,et al. Variational denoising network: toward blind noise modeling and removal[J]. Advances in Neural Information Processing Systems,2019(1):32.

［112］XIA G S,BAI X,DING J,et al. DOTA:a large-scale dataset for object detection in aerial images[C]//Proceedings of the IEEE Conference on Computer Vision and Pattern Recognition,2018: 3974-3983.

［113］SABOKROU M,FAYYAZ M,FATHY M,et al. Deep-anomaly: fully convolutional neural network for fast anomaly detection in crowded scenes [J]. Computer Vision and Image Understanding, 2018, 172: 88-97.

［114］RUFF L,VANDERMEULEN R,GOERNITZ N,et al. Deep one-class classification[C]//International Conference on Machine Learning,PMLR, 2018: 4393-4402.

［115］YU J,LIN Z,YANG J,et al. Free-form image inpainting with gated convolution[C]//Proceedings of the IEEE/CVF International Conference on Computer Vision,2019: 4471-4480.

［116］PAN J S,HU Z,SU Z X,et al. Deblurring text images via L0-regularized intensity and gradient prior[C]//Proceedings of the IEEE Conference on Computer Vision and Pattern Recognition,2014:2901-2908.

［117］PAN J S,SUN D Q,PFISTER H,et al. Blind image deblurring using dark channel prior[C]//Proceedings of the IEEE Conference on Computer Vision and Pattern Recognition,2016:1628-1636.

［118］AUDEBERT N,SAUX B L,LEFEVRE S,et al. Segment-before-detect: vehicle detection and classification through semantic segmentation of aerial images[J]. Remote Sensing, 2017, 9(4):368-386.

［119］LI C,XU C,CUI Z,et al. Learning object-wise semantic representation for detection in remote sensing imagery[C]//CVPR 2019: Proceedings of the 2019 IEEE Conference on Computer Vision and Pattern Recognition. Washington,DC:IEEE Computer Society,2019：20-27.

[120] WANG M，LI Q，GU Y，et al. SCAF-Net：scene context attention-based fusion network for vehicle detection in aerial imagery[J]. IEEE Geoscience and Remote Sensing Letters，2021，19(2)：1-5.

[121] GIDARIS S，KOMODAKIS N. Object detection via a multi-region and semantic segmentation-aware cnn model[C]//Proceedings of the IEEE International Conference on Computer Vision,2015:1134-1142.

[122] LI J，WEI Y，LIANG X，et al. Attentive contexts for object detection [J]. IEEE Transactionson Multimedia,2016,19(5):944-954.

[123] 张瑞倩,邵振峰,PORTNOV A,等.多尺度空洞卷积的无人机影像目标检测方法[J].武汉大学学报(信息科学版),2020,45(6):9.

[124] LALONDE R,ZHANG D,SHAH M. ClusterNet:detecting small objects in large scenes by exploiting spatiotemporal information[C]//CVPR 2018：Proceedings of the 2018 IEEE Conference on Computer Vision and Pattern Recognition. Washington,D. C. :IEEE Computer Society,2018:4003-4012.

[125] YANG F,FAN H,CHU P,et al. Clustered object detection in aerial images[C]//Proceedings of the IEEE Computer Society Conference on Computer Vision and Pattern Recognition(CVPR),2019：8311 - 8320.

[126] 卢笑,曹意宏,周炫余,等.基于深度强化学习的两阶段显著性目标检测[J].电子测量与仪器学报,2021,35(6):9.

[127] LIN T Y，DOLLÁR P，GIRSHICK R，et al. Feature pyramid networks for object detection[C]//Proceedings of the IEEE Conference on Computer Vision and Pattern Recognition,2017：2117-2125.

[128] AZIMI S M，VIG E，BAHMANYAR R，et al. Towards multi-class object detection in unconstrainedremote sensing imagery[C]//Asian Conference on Computer Vision. Cham:Springer，2018:150-165.

[129] GUO C,FAN B,ZHANG Q,et al. Augfpn:improving multi-scale feature learning for object detection[C]//Proceedings of the IEEE/CVF Conference on Computer Vision and Pattern Recognition,2020：12595-12604.

[130] YANG X,SUN H,FU K,et al. Automatic ship detection in remote sensing images from google earth of complex scenes based on multiscale rotation dense feature pyramid networks[J]. Remote Sensing,2018,10(1): 132-146.

[131] LI J,LIANG X,WEI Y,et al. Perceptual generative adversarial networks for small object detection[C]//Proceedings of the IEEE Conference on Computer Vision and Pattern Recognition,2017: 1222-1230.

[132] LAW H,DENG J. Cornernet:detecting objects as paired keypoints[C]// Proceedings of the European Conference on Computer Vision(ECCV), 2018:734-750.

[133] YANG Z,LIU S,HU H,et al. Reppoints:point set representation for object detection[C]//Proceedings of the IEEE/CVF International Conference on Computer Vision,2019:9657-9666.

[134] MA J,SHAO W,YE H,et al. Arbitrary-oriented scene text detection via rotation proposals[J]. IEEE Transactions on Multimedia,2018,20(11): 3111-3122.

[135] XIE X,CHENG G,WANG J,et al. Oriented R-CNN for object detection [C]//IEEE/CVF International Conference on Computer Vision(ICCV), 2021:3500-3509.

[136] GUO Z,LIU C,ZHANG X,et al. Beyond bounding-box:convex-hull feature adaptation for oriented and densely packed object detection[C]// Proceedings of the IEEE/CVF Conference on Computer Vision and Pattern Recognition,2021:8792-8801.

[137] ZHANG X,ZHOU X,LIN M,et al. Shufflenet:an extremely efficient convolutional neural network for mobile devices[C]//CVPR 2018: Proceedings of the 2018 IEEE Conference on Computer Vision and Pattern Recognition. Washington, DC: IEEE Computer Society, 2018: 6848-6856.

[138] MA N,ZHANG X,ZHENG H T,et al. Shufflenet v2:practical guidelines for efficient cnn architecture design[C]//Proceedings of the European Conference on Computer Vision(ECCV),2018: 116-131.